去去

贅肉走！
瘦瘦 速速前！

釐清錯誤觀念、掌握烹飪祕訣、制定合理菜單，
一日三餐加零食也能輕鬆瘦身

+ 每日攝取熱量低於 **800** 大卡，反而降低新陳代謝。
+ 運動至少要持續 **40** 分鐘，才能有效燃燒體內的脂肪。
+ 每天吃一次「全蔬食餐」，可減少約 **500** 大卡的熱量！
+ 馬鈴薯、地瓜的熱量較低，營養價值卻是米和麥的 **5** 倍。
+ 每週至少 4 次以湯代飯，僅經 **10** 週的時間，就能減掉將近20%的多餘體重！
+ 基礎代謝率占人體熱量消耗比例高達 **60%～ 70%**，提高基礎代謝率才是王道！

方儀薇，羽茜 —— 編著

目錄

第三章　好方法，魔鬼身材塑出來

第四章　零食面面觀 —— 愛吃就要搞定你

第五章　吃對每一餐，不瘦也很難

第八章　　排毒減肥新概念

第一章

你真的需要減肥嗎？

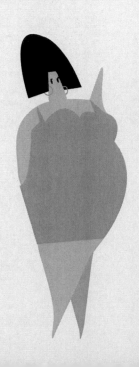

動人曲線的標準

　　人體的形態美由身體各部位的表現所組成，對於女性來說，決定形態曲線的關鍵在於胸、腰、腹、臀、腿等處。

　　判斷自己的胖瘦是否合宜，可以使用正確的方式來測量全身數值，並加以記錄。如果能合乎標準當然是最好的，希望繼續保持；如果不符合標準，建議應及時採取措施改善，這樣才能在擁有健康身體的同時，也擁有優美動人的曲線。

胸部形態美的標準

　　胸圍的測量一般有 3 種方法：一是過胸量法，即測量胸部最高聳處；二是平胸量法，即軟尺穿過腋下的水平高度；三是胸下量法。

　　我們通常使用平胸量法來測定胸圍之大小。首先，深深地吸一口氣，使胸部保持在最擴張的狀態，接著測量此時胸圍之數值。倘若把測出的胸圍（公分）÷ 身高（公分）×100 後，得到的答案是 53，就是最標準的尺寸，54 ～ 56 是中等，而 57 以上就屬於肉彈型了。

　　此外，胸部需要具備以下條件方能稱為美麗的乳房：

　　一是在外觀與觸感上，豐滿、勻稱、挺拔，呈半球形或小圓錐形（對於未婚少女，以圓錐形乳房為美，對於已婚婦女，

則以半球形為美)且柔韌、有彈性；二是位置需恰當，乳房在第二至第六肋骨間，較為高聳，乳頭凸出，略向外翻，位於第四肋骨間；三是距離，兩乳頭間距大於 20 公分，乳頭到胸骨中線的距離為 11 ～ 13 公分；四是大小，乳房基底直徑為 10 ～ 12 公分，高度為 5 ～ 6 公分，乳暈直徑為 3.5 ～ 4.8 公分。

另外，若背部、肩、臂等部位所連成的線平順(沒有特別凸起或凹下)，且手臂纖細，則更能強調乳房顯出的優美曲線。

腰部形態美的標準

腰部的形態美主要展現在兩側曲線的圓潤及胸部至臀部間線條的柔和變化上。從側面看，它與胸、腰、臀、腿一同構成了一組光滑的「S」形曲線，使女性身材顯得優美動人、凹凸有致。

女性的腰若比例恰當、粗細適中、圓潤、柔韌靈活，就能展現出一種活潑的青春之美。

測量腰圍時，深深吸一口氣，以收縮時最細的狀態為標準。腰部是最容易囤積脂肪、產生贅肉的部分，身高 160 公分以下的女性，應保持 60 公分以內的腰圍。

腰圍應為身高的 30%～ 70%。不妨捏起腹部的肉看看，腹部的贅肉如果一捏長達 3 公分，便表示多出了 10 公斤的贅肉，體重就應減輕 7.5 ～ 10 公斤。一般來說，減少 1 公斤的體重，

腰圍便會減少 1 公分。然而，光是腰細並不代表整個身材的完美，還要考慮腰至臀部的曲線及兩者與胸部間的平衡。

臀部形態美的標準

美觀的臀部應形態圓潤，富有彈性；大小與腰圍粗細的比例恰當。

臀圍的尺寸，是指以通過臀部頂點為基準，呈水平方向測量所得到的數值。臀部並非是尺寸合乎標準便為美觀，挺翹更為重要。雙腿伸直、腳跟並攏站立，從腰部至臀部的頂點如果在 18 公分以內，便屬於挺翹型，相反則屬於下垂型。

根據臀圍減去腰圍所得的結果進行大小評定，可將臀分為以下 5 種：特小臀，臀圍與腰圍之差為 0 ～ 14 公分；小臀，臀圍與腰圍之差為 15 ～ 24 公分；中型臀，臀圍與腰圍之差為 25 ～ 34 公分；大臀，臀圍與腰圍之差為 35 ～ 44 公分；特大臀，臀圍與腰圍之差為 45 公分以上。

手臂形態美的標準

手臂和手腕是身軀中比較纖細的部位，大體上來說，上臂圍（手肘至肩部最粗的部分）比頸圍（下巴擡起頸部伸長的狀態）細 4.5 公分是最理想的，也就是上臂圍為 25 公分時，頸圍為 29.5 公分的情況。

腿部形態美的標準

女性的腿應該白皙豐滿、細膩而富有彈性，小腿肚渾圓適度，腳跟結實，踝部細而圓。

測量大腿圍時，大腿向前邁出半步，不要用力，測量臀部下方大腿的部分。小腿圍也是以同樣姿勢，測量小腿最粗的部分。把腳跟放在椅子上，測量腳踝最細的部分便是腳踝圍。

基本上是雙腿並攏後，兩腿之間只有 4 個小空隙才是最標準的。而大腿長度一般應為身長的 1/4，其圍徑比腰圍小 10 公分；小腿圍徑比大腿圍徑小 20 公分。

怎樣的體型才健美

形體美最基本的要求：首先是健康，即體格健全，肌肉發達，發育正常；其次是身體各部位要符合美學中對形體的要求，即各部分的比例要勻稱，和諧統一。

具體可以概括為以下幾點。

現代人體美的標準

國外體育美學權威人士綜合了古今中外一些美學家及藝術家對人體美的見解，再根據人民的實際情況，提出包含以下內容的人體美標準。

　　肌肉強健協調，富有彈性。人的身體共有 600 多塊肌肉，約占體重的一半，它包覆在人體的外部，是構成人體外型輪廓的重要「外衣」。

　　骨骼發育正常，關節無明顯粗大、凸出，脊椎正視成直線，側視具有正常的體型曲線，肩胛骨無翼狀隆起和上翻的感覺。

　　五官端正，且與頭部搭配協調，肌肉均勻發達，皮下脂肪厚薄適當。

　　胸廓隆起，正面與背面略呈「V」形。男性胸廓寬，肌肉結實；女性乳房渾圓，豐滿不下垂，側視有明顯曲線。

　　雙肩對稱、健壯，稍顯下削，無垂肩之感。

　　腰細而結實，微呈圓柱形，腹部扁平，男性有腹肌壘塊隱現。

　　臀部渾圓適度，球形上收。

　　腿部修長，線條柔和，小腿腓腸肌稍微凸出，足弓高。

　　整體觀望無粗笨、虛胖或過分纖細的感覺，重心平衡，比例協調。

身高與體重的比例標準

　　身高和體重是顯示人體美的重要因素之一，也是評價身體發育、健康、營養和形體健美的重要指標。兩者都受遺傳、種

族、生活環境等因素的影響。體重和身高的比例能反映出一個民族的身體素質和健美情況，關於比例標準，可以由後面介紹的標準體重的測量公式來判定。

根據身高和體重的比例關係，可以將人分為瘦小型、瘦高型、高大型、中等型、健壯型及肥胖型。無論身材高大還是矮小，只要符合比例者便是和諧的，就能帶給人美感。

黃金比例

符合審美的比例就是所謂的黃金比例，即 1：0.618。透過研究「斷臂維納斯」發現，其形體完全是根據黃金比例來塑造的，她的各種數據均符合這個標準。

體質人類學家和美學家透過研究發現，凡是健美的人體均擁有豐富的黃金分割點，如此才形成勻稱的體型、和諧的五官以及協調的步履。美的人體就是黃金分割點的聚合體。國外醫美學家對人體美的黃金分割進行研究後發現，容貌和體型健美的人，其形體結構包含有 18 個黃金分割點、3 個黃金三角、15 個黃金矩形和 6 個黃金指數。

算算你的標準體重

體重是指人體各部分的總質量。體重有一定的標準，並且

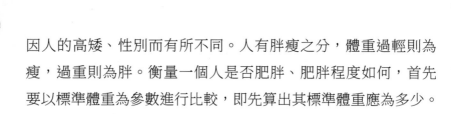

第一章　你真的需要減肥嗎？

因人的高矮、性別而有所不同。人有胖瘦之分，體重過輕則為瘦，過重則為胖。衡量一個人是否肥胖、肥胖程度如何，首先要以標準體重為參數進行比較，即先算出其標準體重應為多少。

計算標準體重的公式目前有以下幾種：

布洛卡公式。

身高在 165 公分以下者：

標準體重（kg）＝身高（cm）－ 100；

身高在 165 公分以上者：

標準體重（kg）＝身高（cm）－ 110。

適合亞洲人標準體重的計算公式。

日本京都大學桂教授在布洛卡公式的基礎上，提出了下列計算公式：

標準體重（kg）＝〔身高（cm）－ 100〕×0.9

這個公式的計算結果適合於亞洲人的具體情況。

由於人的體重與諸多因素相關，不同人體之間存在差異，一天內不同的時間段也會有一定變化，加之所處地理位置（如地心引力的原因）、季節、氣候、自身情況的不同，對體重也有一定影響，因此很難完全用標準體重衡量。

各國所制定的標準體重並不完全一樣。一個國家不同年齡

組的標準體重，通常是經過國內群體大範圍調查研究所得到的，即根據人的年齡、身高計算出各年齡組人的體重大體範圍，並規定其上下界限。

也就是說，標準體重難以用一個恆定值來表示，它是一個數值範圍，這個數值範圍就稱為正常值，一般在標準體重±10％以內的範圍，而一旦超過，就稱之為異常體重。

你屬於哪種肥胖類型

下半身臃腫，腹部因脂肪集中而成球形，臀部平寬且有浮肉下垂，大小腿粗胖。她們多喜歡吃甜食，除了三餐以外，偶爾吃零食和宵夜，飲食中纖維含量較少，最嚴重的是吃完馬上就坐下來。這種西洋梨型是東方女性中最常見的體型，尤其是上班族女性居多。

★ 瘦身要點：應注重下半身曲線的塑造，加速深層脂肪的分解和排毒。

胸部豐滿、腰細、臀部飽滿。聽起來，這種體型應是完美的，但是過大的臀部和骨盆，太豐滿且下垂的胸部，會使整個身體的曲線顯得誇張，導致美感盡失。這種身材的飲食特點是：進食速度緩慢，食量大，飲食習慣偏向高油脂的食物。

★ 瘦身要點：強化脂肪分解，縮減臀部、大腿外側和腋下周圍

第一章　你真的需要減肥嗎？

的尺寸。

俗稱的「虎背熊腰」型，整體看來上大下小，肩寬臀窄，上半身脂肪集中肥厚，手臂粗且肉多，骨架大，是比較接近男人體型的身材。她們食量極大，但很少吃零食和宵夜。

★ 瘦身要點：提高代謝率以加速排除體內的廢物，頸、肩、背和手臂的內外側均需修飾，以使身材更加勻稱。

腹部大又硬，腰身高，胃部以下脂肪厚且集中，猶如水桶，整體呈現出洋蔥的形狀。這種體型所屬者多是中年人，從事靜態工作，久坐使她們無形中「坐大」了身體的中部。吃飯速度快，飯量大，經常且過度、集中飲食是她們的習慣。

★ 瘦身要點：著重脂肪分解燃燒，縮腹減腰，修飾大腿內外側。此外，還須安撫緊張的精神，進而放鬆緊繃的肌肉。

全面型肥胖，骨架大，全身粗壯，手臂和大小腿均有浮肉，整個形體凹凸不平，看起來像個大青椒。在飲食上，她們偏重於高熱量食品，飯量大，有暴飲暴食的不良習慣。這種體型的人代謝機能差，活動量少，血液和淋巴循環不佳。

★ 瘦身要點：加速熱量消耗，全面修飾周身曲線，重現活力。

手臂及下腹部鬆弛下垂，肌肉彈性差，妊娠紋和肥胖紋遍布全身，鬆垮的浮肉如同一個熟透的大木瓜。三餐不定，晚餐過量，攝取的油脂多，飲水少，極易造成這種體型，多見於更年期或產後肌膚鬆弛的女性。

★ 瘦身要點：強化彈性組織、結締組織支撐力，先減輕體重，加強代謝，再修飾全身曲線。

進食過量自測表

你是否進食過量

其實，我們大可不必拒絕米飯等高卡路里的主食，只需要控制一下攝取的量就可以了。比如說，原本吃 2 碗米飯的人，可以改為 1 碗；原本想吃一大塊排骨的，可以改成半塊。要知道，能量的攝取最重要的是均衡，如果減肥減到面黃肌瘦、抵抗力下降，甚至整日昏昏沉沉的地步，可就不妙了。

能量攝取的理想平衡：60％糖分、15％蛋白質、25％脂肪。值得注意的是，不只是食用油，肉類和魚類也含有脂肪，所以每日的食用油標準應為 1 湯匙，也可以考慮用比較省油的不沾鍋炒菜。總而言之，控制你的飲食，戒掉無益的煎炸食品，注意每餐卡路里的吸收 —— 不用節食，只是吃得更聰明和更健康，再加上適量的運動和足夠的恆心與毅力，減肥其實並不難。

進食過量自測表

- ☐ 進食時做其他事情（沒有進食意識）
- ☐ 經常吃零食
- ☐ 飯後經常吃甜點

- ☐ 喜歡濃烈的味道
- ☐ 不吃早餐，只吃午餐或晚餐
- ☐ 咀嚼食物的次數，每一口低於 10 次以下
- ☐ 經常攜帶備用食品如餅乾等在身邊
- ☐ 經常飲用果汁類飲品
- ☐ 經常飲酒
- ☐ 不喜歡吃蔬菜
- ☐ 喜歡吃煎炸食品
- ☐ 喜歡吃肉類多過魚類

「√」的項目越多，越有進食過量的傾向，罹患糖尿病、高膽固醇的機率也越高。請參考本書來改變飲食習慣吧。

瘦身總原則

大多數人已經開始關心肥胖對人類健康帶來的危害，並使用多種方法進行瘦身。但同時值得注意的是，許多瘦身方法帶來了不少副作用，在瘦身的同時也損害了人體的健康。因此，針對這些情形，應該注意以下瘦身原則。

瘦身不能以犧牲健康為代價

節食不等於絕食，每天由食物提供的熱量應不少於維持人體正常生活的最少能量，即 1,250 大卡。絕不能以饑餓、絕食

的方法來瘦身,也不能把自己餓得昏倒在地,為了瘦身而犧牲健康,那可是得不償失的!

此外,切記不可在不清楚自身情況下濫用瘦身藥物,很多藥物有極大的副作用,濫用可是很危險的事啊!

節食和運動:最有效的瘦身手段

根據能量守恆定律,人體攝取、消耗之脂肪與熱量,分別可以透過飲食及運動來轉換。所以,我們就能理解,為什麼簡單的運動和正確的飲食是瘦身的不二法門。只要專注於改變不良的飲食習慣並加強運動,就能使人體熱量處在「入不敷出」的狀態,繼而動用蓄積的脂肪,如此便可輕鬆瘦身。

趕快看看自己是屬於貪吃嘴饞,還是不願運動的類型並對症下藥,好好反思一下自己的飲食方式,再選擇一種自己鍾情的運動,盡情地揮灑汗水,那麼好身材就指日可待了!

瘦身關鍵在減腹

要想穩定而快速地瘦身,減少腹部脂肪是關鍵。

美國專家經過研究發現,腹部脂肪一旦堆積,充斥著三酸甘油脂和膽固醇的脂肪細胞,就會比身體其他部位的脂肪細胞更為活躍,且會順著其所在之處的血流進入肝臟,進而導致動脈硬化、高血壓病、冠心病等一系列疾病。

21

第一章　你真的需要減肥嗎？

　　因此，無論是從美觀還是從健康的角度來看，減腹是降脂、降糖、降壓、降體重的關鍵。

輕鬆為本

　　別認為瘦身是深不可測、難如登天的大事。瘦身時若能選擇輕鬆自在的方式，則隨時隨地都可以進行。另外，還要選擇自己喜愛的、有興趣的方式。只要心態正確，長期堅持，就一定會有意想不到的好效果。

瘦身要持之以恆

　　不要做三天打魚，兩天晒網的人。實行瘦身計畫要有耐心，唯有持之以恆地努力，才能在未來獲得好身材。取得效果後，千萬要注意不能鬆懈，因為瘦身初期是極易反彈的。

不要急於求成

　　瘦身是一項系統工程，不僅要有恆心和耐力，還要有科學依據的安排，循序漸進才能奏效。因此，堅持瘦身的最好辦法，就是制定切實可行的瘦身計畫。

　　瘦身時要控制一定的速度，不能太快。從健康的角度講，一個月減重不宜超過4公斤。突發性採取大量節食或完全節食，會導致體內供需失衡，內分泌紊亂，最終引發酸中毒等，而重

新開始進食者，體重又會呈直線飆升，往往還會超過瘦身前的體重，得不償失。

　　對瘦身成效的期望值不要太高，要一步步地做，不要總是重複著「做計畫 —— 下定決心 —— 失敗變胖 —— 後悔 —— 再做計畫 —— 再失敗」的惡性循環，以致讓自己飽嘗失敗之苦，最後失去瘦身的信心。總之，切記不要急於求成，不要讓瘦身成為心中永遠難解的結。

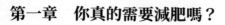

第一章　你真的需要減肥嗎？

第二章

好「食」尚真享受

從飲食習慣看肥胖原因

　　減肥，首先要知道肥胖的原因。原因多不勝數，但最主要是因為飲食方法不當。讓我們透過下面的列表，核對飲食習慣，找出肥胖的原因，然後一起吃出婀娜多姿的身材！

　　下面 36 個問題中，請在與你相符的選項後標上「yes」。

1　進食過量。

2　菜餚中，沒有油炸食品或者大魚大肉就覺得沒吃飽。

3　每餐飲食中，沒有蔬菜、菌菇類或者海藻類等也無妨。

4　喜歡吃水果，但是想吃多少就吃多少。

5　喜歡米飯、饅頭、麵條其中一種，且過量食用。

6　在沙拉中淋上滿滿蛋黃醬或者其他調味品後食用。

7　經常在餐廳吃飯或者吃速食。

8　不會做菜，幾乎只會一種烹調方法。

9　喝酒以後還吃飯。

10　經常一個人吃飯。

11　看電視或看書的時候，邊看邊吃東西。

12　捨不得浪費食物，經常吃光為止。

13　有時吃完飯後還要吃別的東西。

14　在目光所及的範圍內，只要有能吃的東西就立刻吃下去。

15　看到喜歡吃的東西或者打折的食品，立刻買下。

16　明明只需要 1 種食物，卻要多買 2 ～ 3 種。

17 喜歡吃甜食，飯可以偶爾不吃，但零食絕對不能少。

18 經常買點心或者小吃，並無所顧忌地吃下去。

19 參加聚會的時候，肆無忌憚地想吃就吃、想喝就喝。

20 有時在電視裡看到好吃的東西，禁不住誘惑就去買來吃。

21 如果有人請你吃飯，就算肚子飽了還是要再來一頓。

22 吃飯時間經常不規律，晚上 9 點以後才吃晚餐。

23 不管回家時間多晚，一定要在家吃晚餐。

24 屬於晚睡型，有時會吃宵夜或喝飲料。

25 早晨只喝一點飲料，或什麼也不喝。

26 週休二日時，閒著無事可做，只吃一兩餐。

27 有時吃飯速度太快，不咀嚼便直接吞下去。

28 比起堅硬的食物，更喜歡柔軟的食物。

29 肚子不飽就覺得自己沒吃東西。

30 有時吃得不多，就覺得有空虛感。

31 生氣或急躁的時候，為了發洩暴飲暴食。

32 有時吃多了之後，會產生罪惡感。

33 無聊的時候，拿食物打牙祭。

34 減少食量後，體重仍未減輕。

35 連喝水都長肉。

36 認為體型是遺傳的，正要放棄減肥。

　　按照選項核對「yes」數，找到肥胖的原因。

第二章　好「食」尚真享受

*1～9中的「yes」有3個以上

原因在於毫不顧忌地進食

繼續照這樣吃下去的話，很快就會「輕而易舉」地贅肉橫長了。特別是喜歡高脂肪的肉類或者油炸食品，攝取的熱量過多。正確的飲食方法是，養成吃飯前先喝湯再配上兩個低熱量小菜的習慣。因為水果中含有果糖，所以不要放肆地吃水果。

*10～21中「yes」有3個以上

原因在於不管三七二十一，吃下眼前的食物

「扔掉多可惜呀，應該吃下去」的想法是錯誤的。不明確知道什麼時候「不能再吃」的話，就會不斷地吃下去，所以，要養成飯後馬上收拾餐桌並刷牙的習慣。另外，吃東西時放鬆警惕，覺得「這樣吃沒問題吧」的想法，也會讓以往的減肥成效最終化為烏有，需要有拒絕食物的意識與意志。

*22～25中「yes」有2個以上

原因在於飲食沒有規律

在飲食減肥的過程中，最主要的問題是晚餐時間太晚。若是因為工作原因，晚餐需要很晚才吃的話，應該在6點左右先

吃點東西，9 點後吃飯時，只吃蔬菜、小菜和一半的飯。

*26 ～ 29 中「yes」有 2 個以上

原因在於吃太快

吃飯又多又快而導致肥胖的人，改變咀嚼方式就能奏效。為此，在煮青菜的時候，要煮得稍硬一些，並做成大塊放在餐桌上切著吃，透過這種方法逐漸改變咀嚼方式。另外，纖維質豐富或者有點硬的食物要細細咀嚼，能使自己有滿足感和飽腹感。

*30 ～ 33 中「yes」有 2 個以上

原因在於壓力過大而暴飲暴食

如果是為了擺脫壓力而需要吃東西，可以多吃一些乳製品和蔬菜。如此仍不能滿足的話，那就按照湯、蔬菜、小菜、穀物的順序吃吃看。如果過量食用點心、油炸食品，反而會因為缺少維他命和礦物質等營養而加重焦躁和疲勞感。嘴巴空閒的時候，可以嚼口香糖、喝杯綠茶，還可以透過其他健康的方式解決問題。

*34 ～ 36 中「yes」有 2 個以上

原因在於認為自己是天生肥胖，乾脆放棄

雖然有人帶著基礎代謝率低的基因，但是少吃多動自然能減肥。認為自己只喝水也會胖的人中，有很多是因為鹽分攝取過多或者過度疲勞而浮腫。這種情況下，需要吃馬鈴薯、地瓜等食物幫助將鈉元素排出體外。體型受基因的影響雖大，但是透過運動和飲食是可以控制的。

有利於減肥的飲食方式

當我們再也無法抵擋那些美味佳餚時，放任自己大吃大喝顯然是不妥的做法。進食要有正確的方法，若我們細心地考慮出了適合自己的飲食方式的話，苗條的身段就能「一不小心」被你吃出來了。

喝湯減肥

美國一項研究發現，每週至少 4 次以湯代飯的人，僅經 10 週的時間，就能減掉將近 20% 的多餘體重，減肥效果良好。專家認為，湯品富含水分，能使食物在進入胃後充分貼近胃壁，增加食物體積也增加飽足感，大腦收到訊號後，會刺激飽食中

樞，因而減少對食物的攝取量。

細嚼慢嚥

美國牛津大學埃德蒙・羅爾斯教授指出，當人們咀嚼特定食物長達 5 分鐘之久時，其食慾就會大大下降，這樣可減少食物的攝取量，達到減肥的目的。人體胃部的神經需要一定的時間，才會把吃飽的訊號傳到大腦，因此進食速度慢一點，就能更快地感到飽足。不妨試一試每吃一口，便放下筷子，如同享用佳餚般細嚼慢嚥、聚精會神地品味。

巧妙搭配食物

美國流行「高蛋白減肥法」，即可盡情地吃魚、肉、蛋等高蛋白食物，但不能同時吃米飯或麵粉類等含醣類食物，這樣可達到減肥的目的，此方法頗受人們歡迎。高蛋白減肥法規定，一餐中不能吃到不相配的食物，如油脂類食物（肉、牛排、全脂牛奶等）可與蔬菜、豆類食物同食，但絕不能與醣類食物（米、麵粉等）同食。

蔬菜餐減肥

指以吃蔬菜為主，完全拒絕穀類及肉類食物的方法。一般來說，每日吃一餐，即可減少約 500 大卡左右的熱量。由於蔬

菜中維他命和微量元素含量豐富，因此不會因減肥而引起相關營養缺乏。

飯前吃水果

　　每日用餐前 1 小時吃一點水果是種簡便有效的飲食減肥法。因水果中含有豐富的醣類，它能在體內迅速轉化為葡萄糖並被吸收，補充身體因體力、腦力勞動而消耗的熱量。水果中的膳食纖維能帶給胃飽脹感，緩解旺盛的食慾，且膳食纖維無法被人體吸收，多吃也可起到減肥的效果。

改正 9 個不良飲食習慣

　　對你來說，飲食習慣是什麼？是先吃葷菜再吃素菜，是吃小黃瓜不吃冬瓜，是先喝湯還是先吃飯？這其中的對與錯需要自己來鑑定，只有改掉那些不良的飲食習慣，你才能在飯碗裡把身材「吃」出來！以下這些錯誤的習慣應該這樣改正：

錯誤：平時飲食不規律，經常暴飲暴食；不按時吃飯，或者不吃早餐，晚上則大吃一頓補回來。

正確：不良的飲食習慣和生活方式，可能會引起脂肪代謝紊亂、內分泌異常；晚餐若攝取太多的高熱量食物，過剩的營養會轉化成脂肪，導致肥胖。想要改變這個壞習慣，可

實行一日三餐或四餐制,定時定量、分配合理,做到「早餐吃好,中午吃飽,晚餐吃少」的膳食原則,養成良好的飲食和生活習慣。

錯誤:習慣挑食,喜歡的就拚命多吃,不喜歡的就少吃或根本不吃。

正確:挑食是一種不良的飲食習慣。根據科學理論,正確的膳食原則是平衡膳食,應做到葷素多樣、主食粗細搭配、營養豐富、比例均衡的健康飲食。不能只圖所好,不求營養,這樣的習慣很容易造成營養過剩或營養不良,導致脂肪堆積或虛胖。

錯誤:吃飯速度比較快,經常在不知不覺中吃下大量食物。

正確:熱量入超是造成肥胖的主要因素之一。不良的飲食習慣——進食過快,易導致熱量入超,造成營養過剩從而肥胖。營養雖然是生活必要,但也不能過量。進食時應細嚼慢咽,控制飲食量,達七八成飽即可,這樣便可減少肥胖的發生。

錯誤:喜歡吃肉食、油炸食品、甜點等,而且很少吃蔬菜和水果。

正確:肉食、甜點和油炸食物都是高熱量、高脂肪、高糖食物,多食或過食易造成營養過剩,致使肥胖。而蔬果類食物

低熱量，又富含維他命、礦物質和微量元素等，這些物質能促進脂肪分解代謝，消除脂肪的堆積，有利於預防肥胖的發生，故應少吃肉食、甜點和油炸食物，多吃蔬菜、水果。

錯誤：經常不停地吃零食。

正確：對零食情有獨鍾是一種不良的飲食習慣，攝取過多的高糖、高脂食物，會讓多餘的營養轉化成脂肪進而造成肥胖。可採取少量多餐，控制零食的攝取；或用水果、高膳食纖維的食品替代，逐漸克服愛吃零食的不良飲食習慣。

錯誤：經常在睡覺前吃東西。

正確：臨睡前吃點心、零食，容易攝取超過身體需求的熱量，這些熱量會轉化為脂肪並儲存於體內。因此，為了你的體態美和健康，睡前還是盡量不要再進食了。

錯誤：結束勞累的一天後，吃完晚餐即入眠，很少做其他運動。

正確：晚上攝取高熱量食物後，身體代謝率減慢，此時若沒有足夠的活動來消耗多餘的熱量，易造成營養過剩。故晚飯後應適當地活動或鍛鍊，如散步、慢跑等，既能促進食物消化，又能增加熱量的消耗，預防肥胖的形成。

錯誤：常將口渴誤以為是飢餓，於是將大量食物倒進肚裡。

正確：當身體處於假性飢餓時，容易誤食大量食物，造成熱量超標而轉化成脂肪，儲存於體內引起肥胖。我們應該辨認清楚是口渴還是飢餓，避免因誤食而使熱量入超；不要等渴了再喝水，平時應多喝水，以防止假性飢餓。

錯誤：平時口味較重，喜食鹹食或辛辣食物。

正確：攝取過多鹽分，容易使血液中鈉離子含量增高，進而加重心臟負擔，導致水腫性肥胖、高血壓等疾病。應逐漸減少鈉的攝取量，控制在每日 6 克以內。如有高血壓、冠心病及腎病等，則更應嚴格控制鈉的攝取，以低鈉飲食為主。

警惕 14 個讓你越減越肥的瘦身陷阱

當你正享「瘦」在眼前自認健康的美食裡時，也不能悠哉地坐井觀天。因為，即便在這樣的領域裡，也時常存在陷阱，而對於這些會誤導我們的瘦身陷阱，我們需要時刻提防。

徹底拒絕攝取脂肪

脂肪不但是形體的勁敵，更是各種疾病的隱患，唯有除之

方能後快。其實，保持一定的脂肪量不僅能恆定體溫，還能減少內臟遭到碰撞時的影響。越來越多的研究也顯示，脂肪對新陳代謝的促進及脂肪類食物在減肥過程中的作用，並不總是反面的。我們攝取脂肪後，這些脂肪不僅不會立刻被身體吸收、儲存，還能在分解時產生酵素，抑制脂肪細胞在體內形成。

喝咖啡減肥

咖啡因的確能夠加速分解脂肪，讓脂肪酸從脂肪細胞中分離出來進入血液。如果配合運動，將血液中的脂肪酸燃燒掉，就能減少脂肪，否則還會返回脂肪細胞，重新變成脂肪儲存起來。咖啡減肥最終還是要歸根到運動上。最重要的是，即使配合運動，每天至少要喝 8 杯咖啡才能達到分離出脂肪酸的效果。這麼大量的咖啡因一定會讓你長期失眠，且大大降低吸收養分的能力，體重自然下降，但這是不健康的。咖啡還有利尿作用，大量喝咖啡會導致身體缺水，影響膚質，更有害健康。

辣椒減肥

有研究證明，紅辣椒中含有一種名為辣椒素的成分能夠幫助燃燒脂肪、加速新陳代謝；又有研究顯示日韓女性之所以肥胖率較低，和她們長期食用辣泡菜有關。辣椒的確有刺激汗腺、幫助排水的功能，能減輕身體水腫，因而被奉為減肥上品。

事實上，並沒有研究直接證明辣椒能夠減肥。而且刺激性強的辣椒，過量食用會影響胃部功能，導致胃痛甚至胃出血。除了腸胃無法負擔，吃太多刺激性食物還會令皮膚變得粗糙，甚至出現暗瘡，似乎有些得不償失！

只追求體重至上的減肥方法

你是否還在迷信用體重來衡量自己的胖瘦，或者相信那些標榜一週能減去 2 ～ 3 公斤的方法或食譜？體重來自於脂肪、肌肉、骨骼、水分，如果沒有長期的體重、腰圍、臀圍變化之記錄，無法真正說明減肥效果。那些速效的減重方法，大多只是減去了身體的水分，多喝幾杯水，重量就自然重返身體之中了。

只減想瘦的部位

「瘦腰、減臀、收腹」這樣的字眼充滿了誘惑力，局部運動也給了我們對不滿意部位進行塑造的希望。事實上，局部運動總消耗熱量少、易疲勞又不能持久，且脂肪供能是由神經和內分泌調節控制，這種調節是全身性的，並非練哪個部位就可以減哪個部位脂肪。

飯後運動

空腹運動是否會因體內儲存的糖原大量消耗而發生頭暈、無力、心悸等低血糖反應，所以運動之前一定要進食？美國達拉斯健美運動中心的研究認為，飯前 1 ～ 2 小時（即空腹）進行步行、跳舞、慢跑、騎腳踏車等適度運動有助於減肥，因為此時體內沒有新的脂肪酸進入脂肪細胞，容易消耗多餘的脂肪（特別是產後的脂肪），減肥效果高於飯後運動。只要控制運動量，不大量消耗熱能，體內儲存的熱量足夠就不會影響健康。

多鍛鍊 20 分鐘，就能消耗多吃的甜食

為了消耗掉那些多吃的甜食，偶爾延長有氧鍛鍊時間並沒有什麼不好，但如果成了習慣，結果可能適得其反。延長鍛鍊時間看似成為你貪嘴的藉口，實際上卻是把自己置於過度訓練的境地中，使身體根本沒有時間從過度訓練的疲勞當中恢複過來。過度訓練會導致代謝激素分泌過多，這種激素會讓肌肉無法合成。所以管不住嘴巴的人，應該在下一次有氧訓練中稍稍增加強度，或者減少下一餐的熱量攝取。

吃植物油不會胖

一般人會認為取自植物的玉米油、葵花籽油比牛油等動物油熱量低，適合作為減肥期間的烹飪用油。其實這樣的觀點並

不全面，從營養師的角度來看，等量的動物油和植物油所含熱量是相同的，100 克油含有 900 多大卡的熱量，區別在於植物油的膽固醇含量較低，對健康有益。但是用植物油煎炸食品，同樣會做出高熱量的食物，所以關鍵不在吃什麼油，而是如何食用。

一味追求低卡路里的食譜

減肥期間降低卡路里的攝取固然正確，但低於 800 大卡的食譜最終可能會導致營養不良，降低新陳代謝率，往後多吃一點就會迅速發胖。少量多餐，注意均衡營養才是減肥食譜的關鍵。

告別「薯」類

馬鈴薯、紅薯不僅口感好，還是能產生飽足感的低卡食物。只是市面上大多都是經過高溫油炸的薯片、薯條，讓人們誤以為薯類是減肥的大敵。其實，薯類的熱量很低，而營養價值卻是米和麥的 5 倍，鐵含量是白米的 3 倍，蛋白質、維他命 C 的含量也很豐富。所以，放棄容易致肥的烹調方法，將馬鈴薯煮熟撒上調味料，完全就是美味與營養兼得的減肥食品。

第二章　好「食」尚真享受

不得已喝酒的時候，用烈性酒代替啤酒和威士忌

酒中的醣分並不是致使發胖的關鍵因素，單純的酒精也無法影響腰圍、臀圍，酒精更不會轉化為脂肪，但卻能促進脂肪的儲存。酒精產生的熱量無法儲存於體內，身體會優先代謝掉酒精，然後才是其他燃料，因此，烈性酒使人發胖的程度與其他酒精飲料是一樣的。而且，喝酒時常常會配上一些高脂肪的小吃，如洋芋片、果仁等，這些隨酒精一起下肚的脂肪都會直接被儲存起來。所以關鍵不是喝什麼酒，而是喝酒時吃了什麼。

用蔬菜和水果代替飯和肉

很多人相信只吃蔬菜和水果，熱量低又有營養，是減肥期間最好的食譜。蔬菜水果的熱量固然不高，但是不容易產生「飽」的感覺，不知不覺就吃多了，把胃口撐大了，一旦停止以蔬菜水果為主食，變大的胃口一定會成為你的體重殺手！

更重要的是，只吃蔬菜水果會導致營養失衡。肥胖的原因不同，並不一定是單一的營養積累，常常是缺乏將脂肪轉變為熱量的營養素。體內的脂肪轉化為熱量時，需要多種的營養素參與，如維他命 B2、維他命 B6 及葉酸，缺乏這些物質，脂肪不易轉成熱量，自然堆積在身體裡。而富含這些營養素的食物，如奶酪、花生、蛋及動物肝臟和肉等食品，長期被蔬菜水果代替，自然就缺少了熱量轉化的動力。

戒菸會發胖

很多人認為香菸中的焦油和尼古丁有助於燃燒熱量，所以因為怕發胖而不想戒菸。追根溯源，這其實是一種心理暗示。很多人在剛剛戒菸的時候的確會稍稍發胖，這是因為吸菸會降低你的味覺敏感度，降低對食物的興趣。一旦戒菸之後，味覺和嗅覺恢復正常，食慾也跟著恢復，胃口自然變好了，只要稍加控制食慾，就不會出現較大的反彈。

30 分鐘慢跑就能減肥成功

很多人認為，適度持久鍛鍊所消耗的脂肪量，比長期堅持高強度鍛鍊的量還大，所以堅持每次 30 分鐘慢跑即可減肥。但是研究顯示，慢跑雖然可以達到有氧鍛鍊的目的，但對減肥收效甚微。而且只有運動持續在大約 40 分鐘以後，人體內的脂肪才會被動員起來與糖原一起供能，短於或大約 40 分鐘的運動無論強度大小，脂肪消耗都是很不明顯。

少吃也不會變瘦是為何

工作太忙或是不餓的時候就乾脆不吃了！常聽人家說，「少吃」是減肥的基本原則，可是怎麼在你的身上就不靈驗了呢？為什麼明明每個禮拜都少吃了好幾餐，卻還是沒有變瘦呢？原因

出在哪裡？

10 個問題循序漸進幫你找出少吃一餐也瘦不下來的原因

瘦不下來？事出必有因！只要找出來，就沒有什麼會妨礙你邊吃邊瘦的計畫啦！

你少吃的是哪一餐？午餐、晚餐還是早餐？

再怎麼忙都要吃早餐，不然非但瘦不下來，反而還可能胖更多。

第一個問題就要先問你，少吃一餐的你，少吃的是哪一餐？如果少吃的是早餐，那就難怪瘦不下來了！

早餐是一天當中的第一頓正餐，也是最重要的一餐，而且是可以放心盡量吃的一餐。從昨天晚餐結束到今天早餐前，已經空腹將近 12 小時的肚子，非常需要吃一頓豐盛的早餐來喚醒還在賴床的五臟六腑，幫助啟動一整天的新陳代謝並補充身體熱量！

下一餐或上一餐吃多少？

少吃了這一餐，下一餐卻猛吃，總熱量驚人，當然還是瘦不了。

記住這一句話 —— 「總熱量才是真相！」少吃了這一餐，

結果等不到下一餐肚子就咕嚕咕嚕作響，這個時候忍不住吃下的幾塊餅乾或蛋糕，說不定熱量比吃一頓正餐還來得高呢！就算你真的辛苦熬到下一餐，也可能因為飢餓感而吃下更多的食物。

總而言之，不要誤以為少吃一餐就能變瘦，一整天加起來的總熱量才是變胖或變瘦的真相！

少吃也少動了嗎？

熱量攝取減少了，消耗也減少了，結果總熱量還是沒變。

只利用節食來減肥，卻停止或減少了原有的運動習慣。少吃，雖然熱量的攝取減少了，但是停止運動也同樣減少了消耗的熱量，少吃也少動，結果還是瘦不下來！

正確的減肥觀念本來就應該是有計劃的飲食加上有規律的運動，兩者相互協調才能達到最好的瘦身效果，少了任何一方，即使暫時瘦下來了，也很容易遭受復胖惡魔的纏身！

少吃了一餐，卻多吃了點心或者宵夜？

減少吃非正餐的機會，才是最有效的少吃一餐竅宛法。

雖然少吃了午餐，卻多喝了下午茶？少吃了晚餐，卻多吃了宵夜？這樣當然是沒有效的！而且還會使你的身體更容易發胖！

說起來很簡單的道理，卻很容易被我們忽略。你可能覺得

第二章　好「食」尚真享受

一小塊蛋糕、一杯珍珠奶茶或者一碗肉羹湯應該不算什麼，但是事實是，這些食物的熱量都很驚人！這也就是為什麼一些營養師總是叮嚀我們三餐定時吃的重要性了，可以避免吃下一些有還不如沒有的高熱量食物。

其他兩餐你都吃了些什麼？

適當減少碳水化合物攝取量，肥肉就可以少一點。

檢查一下你的餐飲內容吧！特別愛吃澱粉、碳水化合物的你，體內胰島素經常處於激烈上升及下降的變化中。除了容易產生飢餓感之外，這類食物會使體內的胰島素大量分泌，幫助食物轉化成脂肪囤積在身體裡，就是這樣，所以你的身材總是比別人浮腫！

不論你是否少吃了一餐，六大類食物適量且均衡的攝取，才是保持身材窈窕的關鍵！

身體的基礎代謝率下降了嗎？

提高身體的基礎代謝率，是比少吃一餐更有效的減肥方式。

少吃好幾餐也瘦不了？很有可能是因為你的基礎代謝率下降了！

人體的熱量消耗有三個主要途徑：飲食，占 10%；活動，占 20%；基礎代謝率，占到 60%～70%。所以基礎代謝率是消耗熱量的關鍵。由此可見，想要減肥，與其辛辛苦苦節制飲

食，還不如提高基礎代謝率來得實際。多運動、多喝水、常泡澡、勤按摩等，都是有效提高基礎代謝率的方法。

身體裡的到底是肌肉還是脂肪？

1公斤肌肉消耗100大卡熱量，1公斤脂肪卻只能消耗掉4～10大卡熱量。

隱藏在你身體裡的是肥肥的脂肪還是結實的肌肉呢？你知道嗎，每天1公斤的肌肉可以消耗約100大卡的熱量，而1公斤的脂肪每天只能消耗掉4～10大卡的熱量，肌肉和脂肪的熱量消耗居然相差10倍以上！

身體裡肌肉的比例越高，基礎代謝率就越高，反過來說，脂肪比例越高，基礎代謝率就越低。因此，努力增加身體的肌肉量，少吃一餐才能變得有意義。

每日的營養攝取均衡嗎？

想要減肥，少吃可以減少熱量的攝取，而吃對食物，讓身體獲得均衡的營養，才可能健康地瘦下來。尤其是一整天外食的上班族，更需要特別注意。

所謂均衡飲食就是六大類食物的均衡攝取，建議每日攝取量如下：

· 五穀根莖類3～6碗；
· 奶類1～2份；

45

- 　蛋豆魚肉類 4 份；
- 　蔬菜 3 碟；
- 　水果類 2 個；
- 　油脂類 2 ～ 3 湯匙。

　　牢牢記在心裡，訓練自己每天都能平均地攝取，才能健康均衡地變瘦變美！

一天的最後一餐習慣在睡前吃嗎？

　　睡前 3 ～ 4 小時千萬別吃東西，避免食物囤積在體內變成肥肉。

　　進食的時間也會關係到身材的胖瘦。雖然你已經少吃一餐了，但是你卻是在睡覺前才吃下最後一餐。吃飽就跑去睡覺，囤積在體內的熱量完全沒有消耗的機會，於是就變成脂肪通通囤積在身體裡啦！

　　睡前 3 ～ 4 小時養成不吃東西的好習慣，這樣才可以避免食物無法被消耗而囤積在體內變成肥肉。除了少吃一餐之外，也要聰明地吃對時間，才可以讓體重有效率地降下來。

少吃又變胖！怎麼會這麼倒楣？

　　有一餐沒一餐，一旦有食物進入時，養分會更完全地被吸收。

　　有一餐沒一餐的飲食方式，會使身體弄不清楚正確的熱量

吸收時間，這個時候身體的自我保護機制就會被啟動，結果會有兩種情況發生：第一，一旦有食物熱量進入時，身體就會大量地吸收以便儲存及備用；第二，身體會自動將脂肪儲存，反而先分解肌肉組織來提供熱量。結果肌肉越來越少，使得脂肪比例變高，身材就越發瘦不下來了！

用左手吃飯有助於減肥

　　日本人對減肥十分熱衷，而且崇尚自然健康的減肥方法。日本最新的一項研究顯示，用左手吃飯，能有效減肥。這並不是指必須用左手，只要是用非慣用手吃飯，就能達到理想的效果。

　　橫濱創英短期大學的則岡孝子教授日前向人們介紹了這種減肥方法的簡單原理。原來，換一隻手使用餐具，人會很不習慣，吃飯也變得不那麼方便愉快，一旦飢餓感被滿足以後，人們往往就不想再吃了。然而，如果用常用手吃飯，人們通常會在遇到美味時暴飲暴食。

　　在日本的減肥合宿，即由醫院或療養院舉辦的集體減肥集訓班裡，減肥者紛紛開始實施左手減肥法。大家互相監督，一般一個星期以後就能見到成效。

　　在日本減肥網的留言版上可以看到許多減肥經驗談，其中

不少人都說，用左手吃飯以後體重減輕了。有一個女孩這樣寫道：「用左手吃飯時很不習慣，剛開始時差點不想堅持下去。不過，因為用左手吃飯不可能像右手那樣習慣自如，因此食量比以前少了。」

則岡孝子教授還說，使用平常用得不多的手吃飯，這個動作本身就給大腦一種暗示，中樞神經會發出指令以控制食量。日本某醫院的營養保健師高田女士對此也持肯定意見，她表示，很多人以為不吃飯就能減肥，這是不可能的，並且是效果極差的方式，唯有適量飲食和適量運動才是最健康也最有效的減肥方式。

此外，則岡孝子教授還表示，用左手吃飯不僅可以減肥，還有助於鍛鍊大腦，讓左右腦都被訓練和使用，對於預防老年痴呆也有作用。

在日本，人們一直認為同時使用左右手，能夠訓練思維的敏捷程度，這種說法得到不少學者的認同。而用平常不常用的手吃飯，正是訓練雙手都可以運用自如的最好方式，因為這使左右腦都處於靈活狀態。因此，在日本沒有人糾正「左撇子」的小孩，而是進一步引導他們學會自如地運用雙手。

輕鬆烹飪祕訣

　　晚餐的選擇是減肥時最讓人費心的事，最好能夠在家親手烹飪，盡可能避免外出就餐。做菜時要保證營養均衡、食物含熱量低。即使原料相同，烹飪方法不同，做出的飯菜所含熱量也是不盡相同的。

做燒烤食物時

用烤架烤魚

　　用烤肉架烘烤魚類時，不需要另外抹油，而且魚本身的油脂會全部留在烤肉架上，因此這是一個做出低熱量食物最理想的方法。為了防止所烤的食物黏在烤肉架上，可將烤肉架預熱後再上放食物，或者抹上食醋後再放食物。

盡量少使用食用油

　　用油燒烤食物時，少放油是最重要的，而熱鍋後再放油，就可以減少油量。放油時，要隨時擦掉流出的油，避免被所烤食物吸收。另外若想要在短時間內做到均勻受熱，使食物快點烤熟，可將食物從中間切開。

第二章　好「食」尚真享受

炒菜時

用水代替油

一般來講，烹炒食物都需要用到油。這種烹飪方法比其他烹飪方法做出的食物所含熱量更高。試試看不用油烹炒，可以更好地展現出食物的原味。用水炒菜時，鍋子要加熱，然後放入少許水，水珠滾動時表示鍋子已加熱到了合適的溫度，此時可將菜放入，再倒入 2 大杯水，用大火慢慢翻炒。

用油紙減少油量

在油煎食物等必須用油的情況下，不要直接在鍋內放油。熱鍋後，用浸滿油的油紙擦抹煎鍋，這樣即使用少量的油也能煎食物。

使用厚底煎鍋

使用鍋底寬厚的煎鍋烹飪時，火接觸的面積要大，這樣食物才會均勻受熱。即使用很少的油，也很快就能炒熟。厚底鍋的另一項優點是受熱後不容易變涼。

烹飪肉食時，先用熱水汆燙

肉食中，含有油脂的部分非常柔嫩、可口。因此如果不喜歡用油脂多的部分做菜，可以先將其進行汆燙，以除掉油脂。如：在炒肉前，將切成段或丁的肉放進滾開的熱水中短時間地

燙過，讓油脂融化掉，然後撈出來，瀝乾水分再進行烹炒。

油炸食物時

油炸「外衣」要穿薄

　　油炸食物時，包裹食物的「外衣」要盡量薄，盡量縮小食物表面積，減少油脂的吸收。用於「外衣」的麵包粉如果是用碾米機碾出來的粒狀，表面就會變得很薄，可以減少油脂的吸收。用攪拌機或磨粉機把吃剩的麵包碾成粉狀，使用這樣的麵包粉也比較好。

油炸後去掉浮油

　　炸完食物後，一定要除掉浮油。在除浮油時，可以把炸好的食物放在油炸網上，但更好的方法是墊在廚房紙巾上，這樣可快速地吸去浮油。

不裹粉油炸

　　不放任何輔料，直接對食物進行烹炸和裹上「外衣」再炸這兩者相比，後者能更有效地減少所吸收到的油量。但不裹「外衣」進行烹炸時，受到食物內水分的影響，油會進入食物內，因此要擦掉食物表面的水分再放入油中。

第二章　好「食」尚真享受

切成大塊再炸

要想減少食物與油的接觸面積,最好把食物切成大塊進行烹炸,炸完後再切成適宜的大小。

選擇動物脂肪少的部位進行烹飪

烹飪肉類食物時,要在備料的過程中除掉其脂肪再進行烹飪。尤其是炸雞時,雞皮與雞肉之間夾有許多脂肪,應該除掉雞皮與黃色油塊後再進行油炸。肉類中脂肪較少的部分有:雞胸、豬肉中的紅色瘦肉及里肌肉。

避免使用辛辣刺激性的調味料

芥末、辣椒粉、生薑、大蔥、大蒜等並不能直接導致肥胖,但在做菜時,大量使用這類的辛香料,會刺激味覺與嗅覺,增加食慾,從而造成食用過多。因此在烹飪時,一定要少用刺激性的辛香料,必免食慾一發不可收拾。

用醋調味

如果你比較喜歡刺激的味道,可以試一下食醋。食醋味道酸,不僅會使食物的味道濃重,還不會產生熱量,可放心食用。

另外用食醋與醬油混合調成的醬料,非常適合搭配蔬菜沙拉食用。涼拌蔬菜時,最好用食醋代替大醬和辣椒醬。

若不喜歡食醋,也可用檸檬汁來代替。檸檬汁味道比較柔

和，略酸，維他命 C 的含量也較為豐富。在製作生鮮蔬菜、野菜、壽司等食物時，加入檸檬汁，會使味道更加清爽。

選擇低熱量食物的 4 大竅門

食物中所含的熱量與人體所生出的脂肪是密不可分的。在瘦身與美食之間徘徊的女性朋友，當妳攝取的都是低熱量食物時，就不用苦苦掙扎在取捨的邊緣了。可是，怎樣區分食物熱量的高低呢？以下提供幾點參考：

選擇體積大、纖維多的食物

這種食物可增加飽足感，有效地控制食慾，例如：新鮮蔬菜、水果。專家介紹，蔬菜水果被醫學界公認有預防肥胖和腫瘤的作用，在世界衛生組織報告中這一關係已被認定為是證據確鑿。

選擇新鮮的天然食物

新鮮的天然食物一般熱量都比加工食物要低。例如：胚芽米的熱量低於白米、新鮮水果的熱量低於果汁、新鮮豬肉的熱量低於香腸和肉乾等。

選擇清燉、清蒸、水煮、涼拌食物

這些食物比油炸、油煎、油炒等烹調方式的熱量低得多，例如：清蒸魚、涼拌青菜、泡菜等都是可供選擇的上好低熱量食物。

另外要記住，油炸食品熱量高，含有較高的油脂和氧化物質，經常進食易導致肥胖，也是導致高血脂和冠心病的危險食品。

肉類盡量選擇魚肉、雞肉等

肉類所含有的熱量高低不同，大致是：豬肉＞羊肉＞牛肉＞鴨肉＞魚肉＞雞肉，所以盡量選擇魚肉和雞肉。

「水美人」大學問

水，從來都是人類最好的朋友，有些女性可以說是用水「做」出來的，而且個個都是美人，所以，不禁讓人百思不解，這透明無味的水裡真的有什麼深不可測的奧祕嗎？沒錯，當你在這謎團裡無法明白時，才是領悟到其中大學問的開始。

補水益處多多：缺水女性只要補夠充足的水，不僅能有效地改善身體的新陳代謝和血液循環，促進體內排出代謝產物，還可以調節皮膚的 PH 值，維持皮脂膜的穩定，可謂好處多多！

1 肌膚含水量增加，彈性及韌性增強。

2 皺紋減少，膚質結構得到好的改善。

3 體內環境有改善，色斑及痤瘡斑痕明顯減輕，肌膚顯得光澤、紅潤。

4 內臟器官受到調節，身體衰老獲得延緩。

5 眼部含水量得到調節，眼睛的明亮度和溼潤度增加。

科學補水的注意點

補水也要注意？補水也要科學，這是理所當然的，要不然喝下去的水，原以為可以改善皮膚品質，卻白白流失了，多可惜啊。來看看下面的注意點吧！

補水要講究水量

一個健康的人每天要喝 8 ～ 10 杯水（2.5 升／天），運動量大或住在炎熱地帶，飲水量就要相應增多。美國加州洛杉磯國際醫藥研究所提供的每天飲水量公式是：運動不多的人，每半公斤體重需喝 15 毫升／天的水，如果是運動員，那麼每半公斤體重就該補充 20 毫升／天的水。

飲水還得講究最佳時間

晚上人體流失的水分約有 450 毫升，早晨起床後，需及時補充。而且起床是一天中身體開始運作的關鍵時刻，喝水時最

好空腹，以小口小口的緩慢速度喝下 450 毫升的水，喝完後如果能緩步走上百步或做簡單運動則更好，千萬不可靜坐。上午10 點左右也需要喝水，以便補充工作中流失的水分。下午 3 點左右是喝下午茶的時間，喝點水，補充一下體內所需。睡前記得仍要喝水，因為在睡眠中血液的濃度會增加，喝水可以沖淡血液濃度。

★　**小提示**：某些時刻特別需要補充水分。

- 運動後應及時補充水分。盡管我們不是運動員，運動量也沒那麼大，但不管做什麼運動，即使是打掃房間，結束後也都應該喝水，這樣不容易感到累，也不易腰酸背痛。
- 在有空調的環境中，尤其需要補充水分，必須時常喝水來平衡身體因乾燥而流失的水分。
- 搭乘飛機時機艙內氣壓較高，空氣溼度低，容易口乾舌燥，因此要多喝水。

　　記住這幾點進行適當補水的話，不但使你更健康，也能讓你的身材苗條，若等到身體發出口渴的信號時才想起來要喝水，那就為時已晚了。

飲食 5 招打贏脂肪攻堅戰

　　脂肪攻防戰可不是一場好打的戰爭，強攻不行，就試試智取吧。

用剉冰替代冰淇淋

冰淇淋含有較高的飽和脂肪，對於那些愛吃冰淇淋的朋友，這的確不是個好消息。但是，用剉冰替代冰淇淋卻是個變通的好辦法。剉冰不含脂肪，且口味和冰淇淋差不多，可以放心大膽地品嘗。

使用不沾鍋

由於不沾鍋的表面有覆蓋名為特夫綸的材料，因此烹飪時油不易附在鍋上。使用不沾鍋時，用油量要比使用普通鍋還少，而較少的用油可以減少脂肪的攝取。

少吃肉類加工食品

市場上的熟肉類加工食品，往往含有過多的飽和脂肪。例如：香腸、臘腸、熏肉等等。相比之下，魚類和禽類含有較少的脂肪。建議考慮用魚、禽類食品代替肉類加工食品。

自製糕點

商店出售的餅乾、蛋糕等糕點中，通常含有較多的脂肪。如果喜歡糕點，不妨考慮自己抽出時間製作。在自製的糕點中加入杏仁、麥芽以及葵花油等含有維他命 E 的成分，會對心臟有好處。

選擇豆製品

豆製品確實含有脂肪，但這類脂肪多是不飽和脂肪，不會像飽和脂肪那樣為健康帶來潛在的威脅。用豆製品替代奶製品，無論從哪方面看，都是個不錯的選擇。

女性瘦身飲食「1 至 7」原則

不難發現，同樣吃某些食物，有的女性越吃越胖，有的卻體重適中，原因自然很多，但與食物搭配是否合理不無關係。據此，我們向妳推薦一種具有特色的、適合都市女性健美的膳食最佳模式 —— 「1 至 7」飲食模式，即每天 1 種水果，2 盤蔬菜，3 勺素油，4 碗粗糧，5 份蛋白質食物，6 種調味料，7 杯開水。

具體吃法如下：

1 種水果：每天吃富含維他命的新鮮水果至少 1 種，長年堅持會收到明顯的美膚效果。

2 盤蔬菜：每天應進食至少兩盤品種多樣的蔬菜，同一種蔬菜盡量不要每天吃，且一天中必須有一盤蔬菜是時令新鮮、深綠色的。此外，大蔥、番茄、涼拌芹菜、蘿蔔、嫩萵苣葉等食物，最好能以生食為主，以免加熱烹調會對維

他命 A、B1 等造成破壞。每天蔬菜的實際攝取量應保持在 400 克左右。

3 勺素油：每天的烹調用油限量為 3 勺，而且最好食用素油即植物油，這種不飽和脂肪對光潔皮膚、塑造苗條體型、維護心血管健康大有裨益。

4 碗粗糧：每天 4 碗雜糧飯不僅能壯體養顏，還可以美化身段。

5 份蛋白質食物：每天吃肉類 50 克，最好是瘦肉；魚類 50 克（除骨淨重）；豆腐或豆製品 200 克；蛋 1 顆；牛奶或奶粉 1 杯。這種以低脂肪的植物蛋白質搭配非高脂肪的動物蛋白質，或用植物油性蛋白質搭配少量動物性蛋白質的方法，不僅經濟實惠，而且動物脂肪和膽固醇相對減少，被公認是一種「健美烹飪模式。」

6 種調味料：酸甜苦辣鹹等主要調味料，作為每天的烹飪佐料不可缺少，它們分別具有增加菜餚美味、提高食慾、減少油膩、解毒殺菌、舒筋活血、保護維他命 C、減少水溶性維他命損失、維持體內血液酸鹼平衡、保持神經和肌肉對外界刺激的反應能力、調節生理、美容健身等不同功能。

7 杯開水：茶水和湯水。每天喝水不少於 7 杯，以補充體液，促進代謝，增進健康。要少喝加糖或帶有色素的飲料。

塑身：我行我「素」—— 新素食主義

　　「新素食主義」在現實生活中具備更大的可行性，因此自然受到越來越多都市女性的追捧。素食所表現出的色彩天然純淨、優雅健康，與女性的天性似乎格外吻合。

　　素食的五大基本好處：

- **吃出健康來**。素食的飽和脂肪含量很低，可降低血壓和膽固醇。德國做過一次研究，偶爾才吃肉的素食者，得心臟病的機率是一般人的三分之一，癌症的罹患率是一般人的一半。而且，素食還能起到食療的功效，吃出美麗來。用素食方法來減肥相當有效，素食能使血液變為微鹼性，促進新陳代謝活動，從而把積蓄在體內的脂肪及糖分燃燒掉，達到自然減肥的目的。素食者經常充滿生氣，臟腑器官功能良好，皮膚顯得柔嫩、光滑、紅潤，吃素堪稱是由內而外的美容法。

- **吃出聰明來**。素食者往往自我感覺清爽，似乎人也變得更聰明了。實際上，這並非只是心理暗示的結果，而是有科學根據的。讓大腦細胞活躍起來的養分主要是麩酸，其次是維他命 B，而穀類、豆類等素菜是麩酸和維他命 B 的「礦場」，一日三餐從「礦場」裡汲取能量，可以增強人的智慧和判斷力，使人容易放鬆及提高專注力。

- **吃出文化來**。素食，表現出了回歸自然、健康和保護地球生態環境等返璞歸真的文化理念。吃素，除了能獲取天然純淨的均衡營養外，還能額外體驗到擺脫都市喧囂和欲望的愉悅。

- **吃出經濟來**。通常情況下，素食要比葷食便宜得多，也很少有用素食做成的「大菜」。所以，吃素就不必為生猛「大菜」埋單，能為錢包減負，食素不亦樂乎。

新素食主義者入門手冊 ABC

A、別一味的拒絕肉食

以為一點葷腥都不沾才能取得素食的效果，這其實是個誤會。吃素，並不意味著要徹底斷絕葷食 —— 從營養學的角度來看，徹底拒絕葷食對健康並無好處，肉類可以提供人體所需要的高熱量，而適當地補充高熱量食物是必需的，所以，最好堅持葷素食品混合食用的飲食原則，營養會更全面。

B、保證飲食均衡

素食者要確保每日飲食中含有蛋白質、維他命 B2、鈣、鐵、鋅等身體所必需的基本營養成分。蛋白質主要從豆類、穀類、奶類中攝取；雞蛋富含維他命 B2，如果你是連蛋都不能吃的全素者，還可從酵母菌、大豆製品、人造黃油以及穀類中補充；富含鐵的素食有奶製品、全麥麵包、深綠色的多葉蔬菜、豆類、堅果、芝麻等；牛奶、乳酪、優格及其他乳製品都是極好的鈣質來源；深綠色的蔬菜、種子、堅果、豆腐等還可提高體內鋅的含量。

第二章　好「食」尚真享受

C、素食減肥要天然

　　如果想通過素食來減肥，就應注意要以天然、原形素食為主，而非在市場上常見且經過加工的白麵、麵包、蛋糕等精緻澱粉。這類素食包括天然穀物、全麥製品、豆類、綠色或黃色蔬菜等。儘管來源天然，對於含糖量高及高脂的素食還是要有節制地食用。吃慣肉類者剛開始素食減肥時，別急於求成，可循序漸進，從每餐嘗試吃兩小盤素菜開始，等適應後再逐漸減少肉類及精緻食物，慢慢地轉向以天然素食為主。

D、避免暴露在陽光下

　　有些蔬菜（如芹菜、萵苣、油菜、菠菜、小白菜等）含有光敏性物質，若過量食用這些蔬菜後，再去陽光底下接觸紫外線，會出現紅斑、丘疹、水腫等皮膚炎問題，這些症狀在醫學上被稱為「植物光照性皮炎」。所以，大量吃素的素食者飯後應盡量避免暴露在陽光下。

E、控制膳食總熱量

　　素食者在烹飪中要特別注意控制膳食總熱量，特別是糖、烹調油的攝取量，盡量少吃甜食，烹調清淡。

　　以下幾種食物幫你降脂清腸：

· **燕麥：** 具有降膽固醇和降血脂的作用。燕麥中含有比其他穀物更豐富的可溶性膳食纖維，這種纖維容易被人體吸收，且熱量

低，既有利於減肥，又適合心臟病、高血壓和糖尿病人對食療的需要。

· **玉米**：含豐富的鈣、磷、鎂、鐵、硒及維他命 A、B1、B2、B6、E 和胡蘿蔔素等，還富含膳食纖維。常食玉米可降低膽固醇並軟化血管，對膽囊炎、膽結石和糖尿病等有輔助治療的作用。

· **蔥蒜**：洋蔥含有環蒜氨酸和硫氨酸等化合物，有助於血栓的溶解。洋蔥幾乎不含脂肪，故能抑制高脂肪飲食引起的膽固醇升高，有助於改善動脈粥狀硬化。大蒜能降低血清總膽固醇，大蒜素的二次代謝產物甲基丙烯三硫能預防血栓。

· **山藥**：其黏液蛋白能預防心血管系統的脂肪沉積，保持血管彈性，防止動脈硬化，減少皮下脂肪堆積，避免肥胖。山藥中的多巴胺有擴張血管、改善血液循環的功能。山藥還能改善人體消化功能，若有消化不良，可用山藥、蓮子、芡實加少許糖共煮食用。

天然素食包括以下食物：

· **天然穀物** —— 大麥、糙米、粟米、燕麥、小麥等。

· **全麥製品** —— 全麥麵包等。

· **豆類** —— 青豆、豌豆、大豆、蠶豆、甜豆、紅豆、綠豆等。

· **綠色**、黃色蔬菜 —— 生菜、菜心、芥蘭、菠菜、芹菜、花椰菜等。

· **蔬果類** —— 小黃瓜、洋蔥、辣椒、番茄、菇類等。

· **根菜** —— 蘿蔔、沙葛、蓮藕等。

第二章　好「食」尚真享受

第三章

好方法，魔鬼身材塑出來

第三章　好方法，魔鬼身材塑出來

主婦飲食瘦身法

　　現在的高科技使家庭主婦們更加輕鬆、省力，偏向安逸的生活使她們逐漸往「心寬體胖」的方向發展。英國相關人士曾在調查中發現，現代女性每日消耗的卡路里量還不如上世紀 50 年代家庭主婦消耗量的一半。他們驚呼：主婦們應該減減肥了！

　　大多數人的肥胖與飲食、飲食方法的不當息息相關。因此，不妨從購買、製作、食用和分配食品等方面制定適合自己的減肥策略。

超市策略

- **購物前先吃飽**：如果你在飢腸轆轆時去超市購物，必然會見什麼買什麼，要知道，不計一切瘋狂購物的後果就是體重猛增。為了避免這種情形，購物前最好先吃飽。
- **制定購物清單**：如果去超市前能先擬定一份確實需要的購物清單，那麼就可以抵制住許多誘惑。
- **勿買成品食品**：如果你正在減肥，就不要購買半成品或成品食品，因為這些食品的脂肪含量要比你在家中親自下廚的含量高得多。

廚房策略

- **降低脂肪**：再也沒有什麼比通過食用脫脂食品更能達到減肥目

的了。在烹製雞肉等肉類之前，先去其脂肪。如果想讓菜餚味道更鮮美，可以加入一些檸檬、芥末等增強口感。

- **定量烹製：**你可以事先做出足夠多的食物，分成小份存放在冰箱裡，每次食用只取 1 份，這樣可以保證每次進食量的均衡。

- **改變方法：**實驗證明，採用蒸煮方式能保持蔬菜或其他食物中的營養成分，有利於我們的健康。

食用策略

- **選擇食品：**冰箱裡可以存放低脂食品，如脫脂優格、無糖果醬、全麥麵包、脫脂火腿、蔬菜及新鮮水果等。

- **食用時間：**飢餓的感覺一般會持續 20 ～ 30 分鐘，在這個時程內，妳會想到許多想吃的食物，並毫無節制地吃掉它們。所以為了使減肥計劃成功，妳應該替每道菜規定一個食用時間並細嚼慢嚥。這樣當飢餓的感覺消失時，自己也不會太撐。

讓你越吃越瘦的營養素

均衡的飲食對身體很重要，為了瘦身與健康兼得，妳可以多攝取對減肥有益又不失營養的食材，也就是 —— 減肥，不減營養。

單純性的肥胖，或者因內分泌失調和代謝不正常所引起的肥胖，除了要攝取含有豐富膳食纖維的根莖類、葉菜、芽菜、

水果及全穀類外,還必須補充可以幫助燃燒脂肪的各種營養素,如:蛋白質、泛酸、維他命 E、碘、植物油、鉀等。以下就針對各種有益於瘦身的營養素做簡單的說明。

蛋白質

多補充蛋白質,可以讓脂肪燃燒量提高至少 2 倍。蛋白質含量較高的食材與食品包括五穀雜糧、糙米、小麥胚芽、黃豆、松子、腰果、芝麻、優酪乳、啤酒酵母等。

泛酸

人體如果缺乏泛酸,脂質代謝就會出問題,儲存在體內的脂肪,便難以轉換成熱量被消耗掉,可見泛酸在減肥上的重要。泛酸可從以下的食物中攝取,例如:糙米、麥麩、燕麥、黃豆、南瓜子、葵花子、苜蓿芽、啤酒酵母等等。

維他命 E、碘

甲狀腺是人體最大的內分泌腺體。甲狀腺根據身體的需要生成甲狀腺激素,對維持細胞生理活動的各種營養物質,如:碳水化合物、脂肪、蛋白質等的合成、分解代謝有著重要的作用。維他命 E 及碘是甲狀腺所需的營養素,必須攝取足夠。富含維他命 E 的食物包括小麥胚芽、地瓜、馬鈴薯、菠菜、甘

藍、黃豆、蜂蜜等；富含碘的食物則有洋蔥、海藻類、海鹽等。

植物油

　　人體所儲存的脂肪組織，多屬於飽和脂肪，如果平常不攝取適量的植物油，便無法促進飽和脂肪充分燃燒。因此，應該多吃一些含有豐富植物油的天然食物，如小麥胚芽、花生、芝麻、松子、腰果、南瓜子、葵花子、核桃、大豆卵磷脂等。不過要注意的是，不可一次性食用過多，如果吃過量了，反而會變得更胖，只要少量攝取就足夠了。

鉀

　　為了減肥而攝取不足時，有可能會引起腎上腺衰竭，導致血糖降低；血糖過低時則會產生壓力，造成鉀大量流失，鈉與水就會在體內囤積，導致全身性浮腫。這時就應該多吃含鉀豐富的食物，如南瓜、苜蓿芽、地瓜、馬鈴薯、杏仁、黑豆、葡萄乾、無花果、香蕉等，而且鹽要少吃。

12 種食物刮去多餘的油脂

　　為什麼有些人明明飲食很正常，身上的油脂卻會過剩呢？問題就出在食物上。有些食物再怎麼少吃，還是會助長身上的贅肉；而有些食物吃的再多，也只是刮去妳身上的油水！

第三章　好方法，魔鬼身材塑出來

1　**燕麥**：具備降膽固醇和降血脂的作用。燕麥中含有豐富的膳食纖維，這種可溶性的燕麥纖維，在其他穀物中找不到。因為容易被人體吸收、熱量低，既有利於減肥，又適合心臟病、高血壓和糖尿病人對食療的需要。

2　**玉米**：含豐富的鈣、磷、鎂、鐵、硒及維他命 A、B1、B2、B6、E 和胡蘿蔔素等，還富含纖維質。常食用玉米油，可降低膽固醇並軟化血管。玉米對膽囊炎、膽結石、黃疸型肝炎和糖尿病等，有輔助治療作用。

3　**蔥蒜**：洋蔥含有環蒜氨酸和硫氨酸等化合物，有助於血栓的溶解。洋蔥幾乎不含脂肪，能抑制高脂肪飲食引起的膽固醇升高，有助於改善動脈粥狀硬化。蔥中提取出的蔥素，能治療心血管硬化。大蒜能降低血清總膽固醇、三酸甘油酯的含量。大蒜素的二次代謝產物 —— 甲基丙烯三硫，具有阻止凝栓質 A2 的合成作用，故能預防血栓。

4　**山藥**：其黏液蛋白，能預防心血管系統的脂肪沉積，保持血管彈性、防止動脈硬化，還能減少皮下脂肪堆積，避免肥胖。山藥中的多巴胺，具有擴張血管、改善血液循環的功能。另外，山藥還能改善人體消化功能，增強體質。過年過節期間若有消化不良，可以用山藥、蓮子、芡實加少許糖共煮。

5　**海藻**：素有「海洋蔬菜」美譽。海藻以其低熱量、低脂肪的特性受人矚目，一些海藻具有降血脂的作用。海帶等褐藻，含有豐富的膠體纖維，能明顯降低血清膽固醇。海藻還含有許多獨特的活性物質，具有降壓、降脂、降糖、抗癌等作用。

6　**銀耳**：銀耳有明顯的降脂和抗血栓作用。

7　**馬鈴薯**：有很強的降低血中膽固醇、維持血液酸鹼平衡、延緩衰老及防癌抗癌的作用。馬鈴薯含有豐富的膳食纖維和膠質類等容積性排便物質，可謂「腸道清道夫」。

8　**芹菜**：含有較多膳食纖維，特別含有降血壓成分，也有降血脂、降血糖的作用。

9　**紅棗**：多吃能提高身體抗氧化力和免疫力。紅棗對降低血液中膽固醇、三酸甘油酯也很有效。

10　**山楂**：可加強和調節心肌，增大心室、心房運動振幅及冠狀動脈血流量，還能降低膽固醇，促進脂肪代謝。

11　**菊花**：有降低血脂的功能，具有平穩的降壓作用。在綠茶中摻一點菊花，對心血管有很好的保健作用。

12　**蘋果**：其果膠具有降低血液中膽固醇的作用。蘋果含豐富的鉀，可排除體內多餘的鈉，若每天吃 3 顆蘋果，對維持血壓、血脂均有好處。

越吃越瘦 VS 一吃就胖

　　不喝碳酸飲料只喝百分百果汁、晚餐只吃蔬菜沙拉，這樣的菜單照理來說應該能瘦身，可是身體為什麼還是像顆充了氣的小皮球，一點都沒有消瘦的跡象？除非是遺傳，否則喝水就胖的體質跟一般人是不相關的。請對照以下這些說明，來糾正

錯誤的飲食觀念，如此窈窕當然不成問題。

原味優格 VS 水果優格

　　優格一直被女人們奉為瘦身和美容的最佳餐點，豐富的乳酸不僅是重整腸胃消化功能的好幫手，還能促進體內廢物的代謝，近年加上越來越多的水果口味，吸引很多既貪嘴又愛美的女性胃口。

　　隨著水果優格的層出不窮，原味優格逐漸失寵了，但是，大口吞掉草莓果粒優格的同時，可能也把大量卡路里吞進了肚子呢！

　　相關營養學專家曾指出，以牛奶為原料的優格，除脂肪和熱量較低外，還擁有豐富的營養成分，但為求口味的多變性和美味性，現在市場上的非原味優格，大多被加入了過量的糖分與食用色素，熱量也跟著急劇升高。比如 3 杯 200 毫升的水果優格，就相當於兩碗米飯的熱量。假如想以喝優格的方法減重，最好選擇含有高纖維質並能增加飽腹感的新鮮水果，搭配低脂原味優格，才不至於適得其反，越吃越胖。

黑巧克力 VS 牛奶巧克力

　　吃巧克力一定會變胖？當然不是！

　　對於最嗜好甜食的女性來說，選擇黑巧克力，比吃其他甜

品、喝熱可可要健康得多。臺灣曾有一本專門研究巧克力的書中指出，巧克力是一種抗氧化劑，它不僅含有豐富的兒茶素，具有抗癌和防老的作用，對於喜愛甜食的女性，也不會影響其瘦身效果，還能幫助穩定不安情緒，降低暴食的慾望和衝動。

燙青菜 VS 生菜沙拉

食用新鮮蔬果，確實是飲食控制的有效方案之一。不過若添加過多佐料，反而容易使人陷入肥胖的陷阱。

撒在生菜沙拉上的碎花生或者核桃仁，內含豐富的脂肪，每 100 克就有約 500 大卡；用來為生菜增添香氣和柔順味覺的蛋黃醬或者沙拉醬，小小一勺高達 110 大卡，比同等分量的巧克力還要高出許多。

想以蔬菜代替主餐中其他食物的女性，直接生食或以熱水川燙，再搭配少許鹽，瘦身效果會明顯很多。

爆米花 VS 玉米濃湯

近年來低脂肪低熱量的穀物類粗糧，備受女性瘦身一族的青睞。擁有較多纖維質的玉米，當然也是減重菜單上的「嘉賓」。

玉米裡含有大量的鎂元素，既可以強化腸道的蠕動，又有幫助排出多餘水分的功效，對於水腫型女性是最適合不過的。

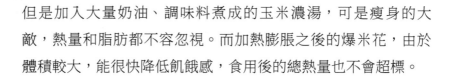

但是加入大量奶油、調味料煮成的玉米濃湯，可是瘦身的大敵，熱量和脂肪都不容忽視。而加熱膨脹之後的爆米花，由於體積較大，能很快降低飢餓感，食用後的總熱量也不會超標。

新鮮水果 VS 果汁

飲用鮮榨果汁，確實能補充人體所需的維他命 C 等營養成分，但果汁卻不是追求瘦身效果的女性們最好的選擇。

在營養學概論中，果汁永遠無法代替新鮮水果，就算是剛剛榨出的果汁，沒有加入任何色素等添加劑，其熱量依舊比水果來得高，且榨汁過後，容易讓人不知不覺攝取過量，1 杯 300 毫升的柳橙汁，甚至需要 6 顆柳丁才能榨出。並且，喝果汁無法補充水果裡對人體有益的纖維素，在壓榨和搗碎的處理過程中，許多容易被氧化的營養素也流失掉了。新鮮果汁尚是如此，超市裡出售的果汁那就更不用說了。

每天抽出 5 分鐘，吃兩個以上的新鮮水果，絕對是保持窈窕身材的不二選擇。

清湯火鍋 VS 麻辣火鍋

很多女性也許會感到疑惑，火鍋內的食物並沒有經過煎炒和油炸，幾乎是煮滾就吃，哪來的高熱量呢？其實，肉類和丸類食物本來就暗藏著大量油脂和鹽分，而湯底為求鮮美，製作

過程中也會加入很多高湯類製品，相對提高了火鍋的總熱量。吃火鍋時，除了食物要選擇低脂肪少油的以外，佐料也最好改為低鹽的醬油搭配蔥花。

麻辣鍋一直被誤認為是減肥鍋底，以為大量的辣椒能燃燒熱量，但是對腸胃造成的強烈刺激對瘦身有害無利。而且麻辣鍋熱量驚人，高達 1,800 多大卡，比普通的 300 多大卡的清湯鍋底高了 6 倍之多！

瘦臉美食輕鬆 DIY

臉蛋偏向圓潤的女性，也許會遇到這樣的評價：「哎呀，妳的臉好圓、好可愛啊！」遇到這種聽不出褒貶的評價，如果領悟出他們的真意是後者時，妳會暴跳如雷還是靜觀其變？其實，妳可以在美食裡找出制勝的法寶來，用所烹飪的食物給他們來個「大變臉」！

綠豆薏仁粥

· **材料**：綠豆 20 克，薏仁 20 克
· **做法**：
  1　薏仁及綠豆洗淨後用清水浸泡，放置隔夜。
  2　將浸泡的水倒掉，將綠豆和薏仁放入鍋內，加入新的

　　水，用大火煮開。

　3　小火煮至熟透即可食用。

★　**小提示**：綠豆和薏仁在中醫裡有利尿、改善水腫的效果。而薏仁本身有美白的功效，可以減少臉上斑點的產生；綠豆則有解毒的效果，能使體內毒素盡快排出。至於粥品本身可能會因為沒有調味而覺得口感較差，此時可添加一些甜味。但要注意，添加一般的砂糖、方糖、蜂蜜或果糖時要記得計算熱量。

活力沙拉

·　**材料**：美國生菜 50 克，小黃瓜 30 克，玉米粒 35 克，小番茄 50 克，葡萄乾 10 克，低脂優格 50 克

·　**做法**：

　1　生菜及小黃瓜洗淨切成片狀，小番茄洗淨備用。

　2　將生菜、小黃瓜、玉米粒及小番茄放入碗中。

　3　倒入優格、撒上葡萄乾即可食用。

★　**小提示**：蔬果中含有豐富的纖維素，可以預防便祕及加速腸道中毒物的排除，而優格有豐富的維他命 B 群，也能帶來紅潤的好氣色，讓臉色看起來明亮動人。

西瓜雪泥

·　**材料**：西瓜 300 克，果糖 10 克，冰塊適量

·　**做法**：

1　西瓜去皮切成小塊。

2　將冰塊及西瓜一同放入果汁機內打勻。

3　加入果糖拌勻即可。

★　**小提示**：西瓜本身具有利尿的作用，可促進水分的排出。另外，西瓜也有降火氣的作用，能緩和因火氣大而引起的痘痘。夏天來臨時，可能因為天氣炎熱而食慾不振，此時來份清涼解渴的西瓜料理是很好的選擇，當然，如果西瓜太甜，不加糖也是可以的。

修長美腿吃出來

擁有一雙修長的美腿是所有女性的夢想。可是鍾情於一切美食的妳，如何才能兩者兼得呢？一起來看看，妳的餐桌上有這些專塑美腿的食物嗎？

紅豆紫米湯

· **材料**：紅豆、紫米各 20 克，蜂蜜 5 克

· **做法**：

1　紅豆及紫米分別洗淨後，用清水浸泡，放置隔夜。

2　將浸泡的水倒掉，再將紫米及紅豆加入新的水後放入鍋內用大火煮開。

3　用小火煮至熟透即可，食用時可加入適量蜂蜜。

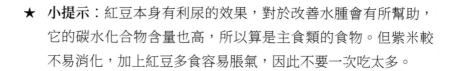

★　**小提示**：紅豆本身有利尿的效果，對於改善水腫會有所幫助，它的碳水化合物含量也高，所以算是主食類的食物。但紫米較不易消化，加上紅豆多食容易脹氣，因此不要一次吃太多。

水果冰

· **材料**：西瓜 150 克，葡萄 5 顆，蜂蜜 10 克，冰塊適量
· **做法**：
　1　西瓜去皮挖成小球狀，葡萄洗淨。
　2　將冰塊刨成細碎狀，放上水果。
　3　加入蜂蜜拌勻即可。

★　**小提示**：西瓜本身有利尿、促進水分的功效。而西瓜靠近瓜皮的部分甜度較低，可另外拿來煮湯飲用，也有利尿的效果。葡萄中含有鐵質，可緩解缺鐵性貧血的症狀。

陽光三明治

· **材料**：全麥麵包 50 克，小黃瓜 20 克，番茄 30 克，荷包蛋 1 份
· **做法**：
　1　番茄及小黃瓜洗淨切成片狀。
　2　將番茄、小黃瓜及荷包蛋夾入麵包中即可食用。

★　**小提示**：全麥麵包中含有豐富的纖維素及 B 群維他命，對靜脈

曲張有改善的效果。而蛋黃中亦有豐富的 B 群維他命，能降低血栓的形成，還能避免因為血栓在血管中堆積，而增加靜脈曲張的現象。

日常飲食中的「美腿聖品」

相信妳一定很想知道，怎麼吃才能讓腿看起來更修長勻稱？其實日常飲食中就有許多含大量美腿營養素的食物，但往往因為偏食被冷落在一旁。現在不但要告訴妳哪些營養素是美麗小姐不可或缺的，還要加碼提供 14 種嚴格精選出來的美腿食物給妳。這些食物不但便宜又隨處可見，且每樣都含有讓你雙腿呈現迷人丰采的營養成分。提起菜籃，準備去買這些讓腿美美的食物吧！

1　**海苔**：海苔裡有維他命 A、B1、B2，還有豐富的礦物質和纖維素，對調節體液的平衡裨益良多，想纖細玉腿可不能放過它。

2　**芝麻**：提供人體所需的維他命 E、B1 和鈣質，特別是亞麻油酸成分，可去除附著在血管壁上的膽固醇。食用前將芝麻磨成粉，或是直接購買芝麻糊以充分吸收這些美腿營養素。

3　**香蕉**：卡路里偏高的香蕉，其實可以當正餐吃，它含有特別多的鉀，脂肪與鈉含量卻很低，符合美麗雙腿的營養需求。

4　**蘋果**：它是特別的水果，含鈣量比一般水果豐富很多，有助於

代謝掉體內多餘的鹽分。蘋果可代謝熱量，防止下半身肥胖。

5　**紅豆**：含有石鹼酸成分，可助腸胃蠕動、促進排尿、消除心臟或腎臟病所引起的浮腫。另有纖維素，幫助排泄體內鹽分、脂肪等，對美腿有百分百的效果。

6　**木瓜**：吃了太多的肉，脂肪容易堆積在下半身。木瓜裡的蛋白分解酵素、番瓜素可幫助分解那些被你攝取的肉類，減低腸胃的工作量，讓肉感的雙腿慢慢變得骨感起來。

7　**西瓜**：清涼的西瓜，擁有利尿元素，使鹽順利隨尿排出，對膀胱炎、心臟病、腎臟病也具有療效。此外它的鉀含量不少，不可小看它修飾雙腿的能力。

8　**雞蛋**：富含維他命 A，能帶給雙腿滑嫩嫩的肌膚；維他命 B2 則可消除脂肪；其他的磷、鐵、維他命對去除下半身的贅肉，有不可忽視的功效。

9　**葡萄柚**：獨特的枸櫞酸成分使新陳代謝更順暢。葡萄柚卡路里低，含鉀量卻在水果中名列前茅。渴望加入美腿的行列，先嚐嚐葡萄柚的酸滋味！

10　**芹菜**：有大量的膠質性碳酸鈣，容易被人體吸收，補充筆直雙腿所需的鈣質。芹菜對心臟不錯，又有充沛的鉀，可預防下半身浮腫。

11　**菠菜**：多吃蔬菜可以使血液循環更順暢，將新鮮的養分和氧氣送到雙腿，恢復腿部元氣。怕腿部肌膚乾燥、提早出現皺紋，請學大力水手多吃菠菜！

12　**花生**：花生有「維他命 B2 國王」的雅稱，有豐富的維他命

B2，且高蛋白含量極高，除了能美腿，也是肝臟病人的健康食物。

13　**奇異果**：奇異果裡的維他命 C 含量很多，是眾所皆知的。其實它的纖維素含量也相當豐富，纖維吸收水分膨脹，避免過剩脂肪讓腿部變粗。

14　**番茄**：它有利尿以及去除酸痛的功效，長時間站立的女性，可以多吃番茄去除腿部疲勞。建議番茄盡量生吃，做成沙拉、果汁或直接吃都可以，經過烹飪後的番茄，營養會大量流失。

13 種食物有利冬季減肥

　　寒冷的冬季，是女人最慵懶的季節，也是臃腫毫不留情向你襲來的時候。女人的身材有時候如季節更迭，或胖或瘦，難以捉摸。當你在寒冬裡懶得動，又想保持往日纖纖身姿時，不妨試著吃一吃以下這十幾種專為冬季而備的瘦身食物。

1　**紫菜**：紫菜除了含有豐富的維他命 A、B1 及 B2，還可以幫助排除身體內的廢物及積蓄的水分。

2　**芝麻**：芝麻中的亞麻油酸可以去除附著在血管內的膽固醇。

3　**香蕉**：卡路里雖高但脂肪低，又含有豐富的鉀，營養價值高。香蕉飽肚又低脂，可減少脂肪在下身積聚，是減肥的理想食品。

4　**蘋果**：蘋果擁有獨特的蘋果酸，可以加速代謝，減少下身的脂肪。

5　**紅豆**：紅豆所含的石鹼酸可以促進大腸蠕動，利於排尿及減少便祕，清除下身脂肪。

6　**雞蛋**：雞蛋內的維他命 B2 有助去除脂肪，它所含的菸鹼酸及維他命 B1 可以去除下半身的肥肉。

7　**葡萄柚**：葡萄柚卡路里極低，多吃也不會變肥，含豐富鉀質，有助減少下半身的脂肪和水分積聚。

8　**蒟蒻**：蒟蒻不含脂肪，也是減肥必備食物之一，它豐富的植物纖維可以使下身的淋巴暢通，防止腿部肥胖。

9　**菠菜**：菠菜可以促進血液循環，平衡新陳代謝，能夠瘦腿。

10　**西洋芹**：西洋芹一方面含有大量的鈣質，可以補「腳骨力」，另一方面亦含有鉀，可減少下半身的水分積聚。

11　**花生**：花生含有極豐富的維他命 B2 和菸鹼酸，可以帶來優質蛋白質，長肉不長脂。

12　**奇異果**：奇異果除了含有豐富的維他命 C 外，其纖維含量也十分豐富，可增加分解脂肪的速度。

13　**番茄**：吃新鮮的番茄可以利尿及去除腿部疲憊，減少水腫。

忌與肥肉斷交

　　肥胖病與動脈粥狀硬化、高血壓、冠心病等的飲食原則中，都有少食動物脂肪一條，也就是說少吃肥肉。因此，許多人把肥肉當作禁品，認為肥肉是發胖的罪魁禍首。 其實，肥肉

有不少好處，它不僅是傳統的美味食品，也是促進生長發育和腦、體健康的營養要素，還是防病、防癌的長壽食品。不論男女老少，適當地吃點肥肉都是有益的，不必顧慮重重。

　　肥肉含有豐富的脂肪，脂肪可以促進脂溶性維他命 A、K、E、D 的吸收和利用。長期戒食脂肪，易引起脂溶性維他命缺乏症，造成視力、凝血和骨骼發生障礙。肥肉中的脂肪是人體熱量來源之一，而且脂肪的產熱量比糖高一倍。

　　肥肉可以保證運動員和體力勞動者精力充沛，防止疲勞。老年人如無一定的脂肪儲備，將難以抵禦疾病的侵襲；育齡婦女體內脂肪少於體重的 17％者，生育能力將受到影響。因此，正常人體內應保持足夠的脂肪。

　　肥肉的弊端就是含有飽和脂肪酸，會損害人的血管。但日本醫學專家研究發現，肥肉經過長時間的燉煮，飽和脂肪酸可以減少 50％。因此，吃肥肉主張燉食，不宜火炒，如此就可以揚長避短了。

　　除了肥胖臃腫的人應少吃或不吃肥肉外，標準體重者，請莫與肥肉「斷交」。

最適合肥胖人吃的肉類

　　一般來講，肥胖的人食慾都較好，也喜食肉類。因此，形

成了既想吃肉又怕吃肉的矛盾心理，擔心吃肉會使身體進一步「發福」。其實，肥胖人也是可以適當吃些肉類的。以下肉類較適合減肥者食用：

兔肉

兔肉與一般畜肉的成分有所不同，其特點是：蛋白質含量較多，每百克兔肉中有蛋白質 21.5 克；脂肪含量少，每百克僅有脂肪 0.4 克；含有豐富的卵磷脂；膽固醇含量較少，每百克中膽固醇只有 83 毫克。由於兔肉蛋白質含量多且脂肪較少，是肥胖人的理想肉食。

牛肉

牛肉的營養價值僅次於兔肉，也是適合肥胖人食用的肉類。每百克牛肉中含有蛋白質 20 克以上，牛肉蛋白質中的必需氨基酸含量較多，而且脂肪和膽固醇含量較低，因此，特別適合肥胖人和高血壓、血管硬化、冠心病和糖尿病病人適量食用。

魚肉

一般畜肉的脂肪多為飽和脂肪酸，而魚的脂肪卻含有多種不飽和脂肪酸，具有很好的降膽固醇作用。所以，肥胖人吃魚肉較好，既能避免肥胖，又能防止動脈硬化和冠心病的發生。

雞肉

每百克雞肉中的蛋白質含量高達 23.3 克，脂肪含量只有 1.2 克，比各種畜肉低得多。所以，適當吃些雞肉，不但有益於人體健康，也不會引起肥胖。

瘦豬肉

瘦豬肉蛋白質含量較高，每百克可高達 29 克，每百克脂肪含量為 6 克，經燉煮後，脂肪含量還會降低，因此，也較適合肥胖者食用。

藍色食物幫你瘦身

美國的色彩心理學家經研究指出，不同顏色的食物與食慾有著密切的聯係。

研究顯示，紅色的食物會令人增進食慾，當有些小孩拿到紅色的食物時，會立即放入口中，這是因為紅色會令人在心理上感到美味可口。而藍色的食物卻不會讓人有這樣的感覺。

優雅深邃的藍、淺亮明快的藍，總是叫人有種安心感，看著看著，煩惱就不見了，所以有許多人喜歡看海。其實，不同深淺的藍色對人類都有冷靜和安撫的作用。而除了令人心靈安靜以外，藍色還有一個很棒的好處，那就是它有抑制食慾

的作用。

　　根據研究指出，藍色對於神經系統具有放鬆的效果，以藍色為背景能夠增加生產力，而且藍色的清涼特質使得它還有消炎及止痛的功效。此外，更重要的是，藍色也是少數能抑制人們胃口的顏色之一。

　　食物的外觀可以刺激下視丘的神經元，讓人們的食慾或增或減。色彩心理學家們認為，由於自然界中藍色的食物並不多，因此被認為是不自然的東西，會讓人的血壓和食慾降低。而藍色的食物之所以有助於瘦身，就是因為它會使人體的大腦分泌拒食的激素，不僅讓人食慾大減，同時也會促使進食的速度變慢，產生飽脹感。

　　雖然藍色的食物有鎮定作用，但吃太多也會有小小的後遺症，就像冷靜過頭可能會讓人情緒低落一樣。在享用藍色的食物時，可以放點黃色系調和一下。

　　在日本，就有人利用這一點推出減肥粉末，即是將大豆磨成粉狀，然後添加藍色的可食色素，使之看起來像有毒的藍色化學物質一樣。需要減肥的人，把這種粉末加在各種食物中，湯、飯、麵包、菜等都可以，它完全不會改變食物的口感，卻會讓各種美食看起來像發黴一樣，讓人不由自主地降低食慾。藍色系的餐桌擺飾，也有異曲同工之妙。

　　由於自然界中很少有藍色的食物，因此我們可利用一些小

技巧，如：試著把食物放在深藍色的盤子裡，搭配的餐具也全是藍色系；或是把冰箱的燈換成藍色的燈泡，無形中減少自己對食物的渴望，達到瘦身的效果；再不然，買副流行的藍色墨鏡也行。

自然界中藍色的食物本來就不多，藍莓是其中一種，還有一種較罕見的藍紫色馬鈴薯以及一些漿果類。此外，自然界的生物具有避免食用有毒食物的本能，當人類最早在原始時代覓食的時候，就將藍色、紫色和黑色等視為可能致命的有毒食物色，不會輕易嘗試。

改變食物的外形

嘗試一下把食物切成塊、絲、丁等狀，做成量大、清淡、易消化的菜餚。雖然這些食物不能激起你的食慾，但呈現的數量可以給你飽足感。況且，切成塊、絲、丁狀的食物，可以起到放慢用餐速度的作用。

一塊牛肉，也許幾口就能吃進肚裡，但如果把它切成薄片，配上些蔥花，足夠當一餐享用。

做蔬菜沙拉，可以像南美人那樣，用剪刀、刻刀將菜修飾成各種形狀。這樣做的好處是，讓人不忍心對自己的「作品」下口。

吃蘋果、梨子、鳳梨時，將其切成小薄片，用牙籤插著吃，非常文雅，這樣就不得不放慢速度。平時，自己一個人會吃一整顆蘋果，這樣做，蘋果就夠全家人享用了。

一顆蛋加水攪勻，蒸出一大碗蒸蛋，比開水煮出來的一顆蛋體積大得多，更適合肥胖者食用。

還請注意，兩片薄薄的烤肉或香腸，比一片厚厚的烤肉或香腸更容易使人飽腹；兩個小饅頭，可能比一個大饅頭更能使人有飽腹感。同樣，一大塊重 100 克的麵包，眨眼之間就會吃完，而 10 塊麵包（100 克／塊）卻可能讓你吃上一天。

國外流行的瘦身調味料

風靡於世的各種食用調味料在外國人的菜單裡是很講究的。他們能製作出各種調味料以搭配不同的美食，其中尤以瘦身調味料蔚為風行，而這些調味料的製作也各具特色。

香醋調味料

這種調味料最好是提前做好後，裝進有蓋子的瓶子裡再放入冰箱，使用時便可取出。這種調味料很好保存，而且適用於大部分沙拉。

準備好 175 毫升冷榨橄欖油或其他菜油、75 毫升白香醋、半匙蜂蜜、半匙新鮮黑胡椒、半匙乾龍蒿菜、半匙芥末。

　　將所有原料都裝進有蓋子的瓶子裡，將瓶蓋旋緊，將瓶裡的液體搖勻，最好放一兩天後再用，使用之前記得搖勻。

檸檬調味料

　　準備 1 顆檸檬，取其汁；比檸檬汁多 2 倍的橄欖油、紅花油或葵花子油；少許海鹽、新鮮黑胡椒。把所有原料都混合在一起。

　　剛開始進行瘦身食療時，最適合使用這種調味料。

葵花子調味料

　　取 125 克葵花子；1 整顆蒜頭，去皮；1 根芹菜，切好；半顆檸檬，取汁。將所有原料都倒入碗中，慢慢加水，直到黏稠度令自己滿意為止。

　　這種清淡的調味料很適合和沙拉放在一起吃。

豆腐調味料

　　取 1 塊豆腐，瀝乾水分、1 湯匙冷榨橄欖油、1 茶匙檸檬汁、1 湯匙切碎的蔥頭或蔥頭粉、1 茶匙蜂蜜、1 茶匙鹽和 1 茶匙新鮮黑胡椒，用來增味。

　　將所有原料都放入汁中，攪拌，直到調味料看起來光滑為止。

　　這種調味料與蛋黃醬非常相似，可以用來做所有沙拉的調味料，特別是需要蛋黃醬調味的食品。

第三章　好方法，魔鬼身材塑出來

芝麻調味料

芝麻調味料在瘦身食物中用途廣泛，味道有點像花生醬。

取 150 毫升芝麻醬、1 罐大豆或低脂優格、1 顆檸檬，取汁、1 整顆蒜頭，去皮，或用蔥頭粉代替、2 ～ 3 湯匙切好的香芹、1/4 茶匙辣椒粉和鹽用來增味。

將所有原料都倒入碗中，快速攪拌，直到光滑為止，將調味料放入冰箱，可保存 3 天。

黃豆醬調味料

這可是一種相當好吃的調味料！

取 1 罐豆漿、1 茶匙鹽、1 茶匙蔥頭粉或切好的蔥頭末、50 毫升橄欖油、2 湯匙檸檬汁、1 ～ 2 湯匙切好的新鮮香芹。

將豆漿與鹽、蔥頭混在一起快速攪拌，然後慢慢倒入碗中，加入檸檬汁。

此醬既可當做普通的沙拉醬，又可用來抹在麵包上吃，還可用來做馬鈴薯的調味料。黃豆醬放入冰箱，可保存 3 ～ 4 天。

優格調味料

取 1 罐低脂優格、1 支蔥頭，切好，或 1 茶匙蔥頭末、半顆蒜頭，去皮、半顆檸檬，取汁、海鹽及新鮮黑胡椒。

把所有的原料都混合在一起攪拌。

國外流行的瘦身沙拉

像沙拉這樣的涼菜發源於國外，近幾年來國人也逐漸嘗試，會做沙拉的人日趨增多。瘦身吃哪種沙拉較好呢？現在根據相關資料，介紹幾種瘦身沙拉。

果仁黑米沙拉

取 225 克黑米，煮熟、125 克白蘿蔔，切碎、1 顆青椒，切好、25 克碎果仁 (榛子、杏仁)、25 克葡萄乾。

把所有的原料都混合到一起，然後淋上調味料即可食用。

核桃無花果沙拉

這是一道令人滿意的沙拉，如果無花果是新鮮的就更好了。

取半個白蘿蔔，切碎、4 個紅蘿蔔，切碎、1 支蔥頭，切好、1 顆熟蘋果，切碎、優格或豆腐調味料、125 克新鮮無花果或無花果乾，切成條狀、2 顆甜蘋果，切好、一顆橘子，取汁、125 克核桃仁。

把白蘿蔔、紅蘿蔔、熟蘋果混到一起，將其置入調味料中，拌好；然後將無花果條、甜蘋果撒在表面上，將橘子汁淋在上面，然後再將核桃仁撒在沙拉表面，即成。

核桃沙拉

這可是一種人人都愛吃的沙拉。

第三章　好方法，魔鬼身材塑出來

　　取 2 顆甜蘋果，去核，切成片、2 根芹菜，洗淨，切好、50 克核桃仁、50 克榛子、50 克葡萄乾、切好的新鮮香芹、優格調味料。

　　將蘋果、芹菜、果仁、葡萄乾及香芹混合，然後和優格調味料放在一起吃。

馬鈴薯沙拉

　　這種沙拉總是讓人垂涎欲滴，不過最好選擇剛上市時的馬鈴薯。

　　取 450 克新鮮馬鈴薯、2 湯匙切好的新鮮薄荷、豆腐調味料。

　　先將馬鈴薯置於鹽水中煮軟，切碎，瀝去水分，晾涼，切成小碎片，再與薄荷和豆腐調味料拌好，放入冰箱，要吃時取出即可。

紅蘿蔔蘋果沙拉

　　半顆檸檬，取汁、450 克紅蘿蔔，切好、3 湯匙無核葡萄乾、1 湯匙葵花子、2 湯匙碎果仁、半棵萵苣，洗淨，切好，撕成條狀、香醋調味料。

　　將檸檬汁撒在蘋果上，防止變色，然後將紅蘿蔔、葡萄乾、葵花子及果仁拌好，將萵苣擺在大碗內，將紅蘿蔔、果仁及蘋果混合物倒入碗內，加香醋調味料，即可食用。

什錦沙拉

做綠沙拉可以只用萵苣、小黃瓜和青椒，但這種什錦沙拉卻有點與眾不同。

取半顆萵苣，洗淨，切成條狀、1 把芹菜，洗淨，切好、2 個小瓠瓜，切碎、4 顆番茄，切成片，以及葵花子、香醋、豆腐調味料。

做綠沙拉時，也可選用芹菜葉等粗纖維蔬菜的葉子，在沙拉中可加果仁。

松子沙拉

松子沙拉具有香、鮮、可口的特點。

取 4 顆番茄，切塊、6 根小蘿蔔，切好、半顆萵苣，洗淨，切好，撕成條狀、3 湯匙切好的新鮮香芹、1 袋苜蓿芽、75 克松子和香醋、優格調味料。

將所有原料都混入香醋、優格調味料中，拌好即可食用。

韭菜榛子沙拉

韭菜是味道頗佳的蔬菜，需要烹調一下，當然時間不能長，否則會破壞其中的維他命。

2 根韭菜洗淨，切成丁、1 根紅辣椒，去子，切成片、50 克榛子果仁剁碎、鹽和新鮮的黑胡椒少許及香醋、優格調味料。

將韭菜放入煮滾的鹽水中燙 2 分鐘，然後用涼水沖一下，

使之冷卻，將韭菜、紅辣椒、榛子果仁放入碗中，調味，與香醋、優格調味料拌好即可。

菠菜花椰菜沙拉

做這種沙拉要用生花椰菜，要使每一塊小花椰菜都鮮嫩，沒有硬梗。

取 225 克新馬鈴薯和薄荷一起煮熟、冷卻；1 顆花椰菜，洗淨，切成小塊、450 克菠菜，洗淨撕成條狀、2 ～ 3 個甜蘋果，去核，切片、50 克葵花子或黃豆奶酪，切丁或片、香醋調味料。

如果馬鈴薯太小顆，就不需要再切開了。如果比較大顆，就切成片，然後將馬鈴薯和其他原料拌好，加入香醋調味料。

25 種花草茶讓你在五彩繽紛中瘦下來

以下介紹的花草可以單獨或者混合飲用，根據不同體質可以搭配不同的花草茶飲用，長期堅持會得到意想不到的減肥效果！

1　**康乃馨**：具有改善血液循環、促進新陳代謝、排除體內毒素、調節女性內分泌的功效，味道芬芳，有助驅除心煩氣躁之感。

2　**金銀花**：可治療習慣性便祕，用金銀花、大黃，按照 3：1 的用量泡茶飲用，並以適量的蜂蜜調味。有清熱解毒、潤腸通便、瘦小腹的功效。

3　**茉莉**：可改善昏睡及焦慮現象，對慢性胃病、月經失調也有功效。茉莉花與粉紅玫瑰花搭配沖泡飲用有瘦身的效果。

4　**辛夷花**：排毒養顏、消暑止咳、降壓減肥。

5　**馬鞭草**：有強化肝臟代謝的功能，並具有鬆弛神經、幫助消化以及改善脹氣的功效，可以治偏頭痛，還有瘦身的功效。注意孕婦禁止食用。

6　**紫玫瑰**：幫助加快新陳代謝，排毒通便、纖體瘦身、調節內分泌，最適合因內分泌紊亂而肥胖的女性。

7　**洛神花**：可解毒、利尿、去浮腫、促進膽汁分泌來分解體內多餘的脂肪。研究人員還發現，飲用洛神花時加上玫瑰花能夠瘦身，高達 95％的人體重下降了 1 到 3 公斤。口感為酸，泡出來呈現鮮紅色，十分漂亮，冷熱飲用都很好。

8　**玫瑰花**：微苦，但香氣濃郁，配上綠茶飲用，可滋潤肌膚，更可以減少腹部脂肪，是絕佳的美容瘦身飲品。

9　**檸檬片**：可利尿、調節血管通透性，適合浮腫虛胖的女性。

10　**決明子**：促進胃腸蠕動、清除體內宿便、降低血脂血壓，通便減肥效果好。

11　**陳皮**：可以幫助消化，排除胃氣，還可以減少腹部脂肪堆積，許多中醫的減肥配方都選擇它。陳皮性溫和，與決明子、荷葉等性中微寒的花草配在一起效果更好。

12　**甜菊葉**：天然甜味劑，是瘦身的良伴，幾乎沒有卡路里，最適合想吃甜又怕胖的人。主要是和別的花草茶搭配起來飲用，充當甜味劑。

13　**荷葉**：自古以來的瘦身良藥，可以清火、利尿、清脂、通便。

14　**薄荷**：好處多多，對肥胖、糖尿病等都有好處，還能清新口氣，去油膩。薄荷乾溼都能用。

15　**甘草**：可以抑制膽固醇、增強免疫力、抑制發炎，但會使血壓升高，不適合高血壓的人。

16　**茴香**：可以利尿發汗，清除皮下脂肪中的廢物，防止肥胖。這個不是我們平常吃的茴香，而是多年生草本植物「甜茴香」，喝的是它的種子。

17　**菩提**：菩提葉的茶香聞起來淡雅迷人，喝起來順口且味道會殘留在舌尖。可利尿、分解脂肪、幫助排出體內廢物，是減肥的有效食品，並具鎮定神經、安眠的效果。喝時加一些蜂蜜，會更加可口。

18　**迷迭香**：促進血液循環、降低膽固醇、抑制肥胖。它的功效很多，是一種味道很好的花草茶。

19　**千日紅**：是花草茶中非常特別的種類，若選用上佳精品，沖泡時可以看到花慢慢地打開，如水中開花一般。功效方面，可護膚養顏，亦有利尿的功效。

20　**玉蝴蝶**：鮮為人知的玉蝴蝶花茶，可清肺熱、利咽喉、美白肌膚、降壓減肥、促進機體新陳代謝。

21　**百合花**：可清腸胃、排毒、治療便祕。和玫瑰花、檸檬、馬鞭草一起泡效果更佳。

22　**金盞花**：金盞花可以清爽提神、解熱退火、穩定情緒，最適合經常熬夜的肥胖族。

23 **苦丁**：味苦，具有清熱解毒、去除油脂、排便的功效。

24 **牡丹**：可清熱、涼血、活血清瘀，適用於容易上火的女性。

25 **桃花**：女人之花，能美容養顏，又能調節經血，還能減肥瘦身，和玉蝴蝶一起泡飲，減肥效果更好。

七道綠茶，泡出窈窕身姿

綠茶能瘦身嗎？綠茶中的芳香化合物能溶解脂肪、化濁去膩，防止脂肪積滯體內，而維他命 B1、C 和咖啡因能促進胃液分泌，有助消化與消脂，葉皂素也能為你的苗條加一把勁。此外，綠茶可增加體液、營養和熱量的新陳代謝，強化微血管循環，減低脂肪沉積體內。

第一道：【客家擂茶】

· **瘦身茶方**：綠茶粉、薏仁各適量。

· **用法**：將綠茶粉放到碗裡，加上一些炒熟的薏仁粉（糙米粉、黃豆粉亦可），再加入奶油攪拌均勻，用熱開水沖泡即可飲用。

· **功用**：可以養顏，讓膚質更細嫩，亦可利尿消脂。

· **推薦綠茶**：西湖龍井茶，產於浙江省杭州市西子湖畔的獅峰、龍井、雲棲、虎跑、梅家塢一帶，屬綠茶類。西湖龍井茶歷史上曾有「獅」、「龍」、「雲」、「虎」、「梅」五個字號。

· **品質特點**：以「色綠、香郁、味甘、形美」四絕著稱於世。外

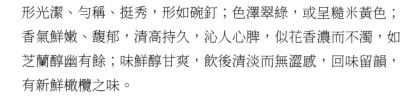

形光潔、勻稱、挺秀，形如碗釘；色澤翠綠，或呈糙米黃色；香氣鮮嫩、馥郁，清高持久，沁人心脾，似花香濃而不濁，如芝蘭醇幽有餘；味鮮醇甘爽，飲後清淡而無澀感，回味留韻，有新鮮橄欖之味。

第二道：【荷葉飲】

- **瘦身茶方**：綠茶粉 2 克、荷葉 3 錢。
- **用法**：以沸水沖泡，即可當飲料喝。
- **功用**：對口乾舌燥、容易長青春痘、血氣不好、臉部皮膚鬆軟不結實、肥胖症的療效均佳。
- **推薦綠茶**：顧渚紫筍茶，產於浙江省湖州市長興縣水口鄉顧渚山一帶，屬綠茶類。因鮮茶芽葉微紫，嫩葉背捲似筍殼，故稱。
- **品質特點**：色澤翠綠，銀毫明顯，香蘊蘭蕙之清，味甘醇而鮮爽；茶湯清澈明亮，葉底細嫩成朵。該茶被譽為「青翠芳馨，嗅之醉人，啜之賞心」。

第三道：【山楂窈窕綠茶】

- **瘦身茶方**：綠茶粉 6 克、山楂 5 錢。
- **用法**：加三碗水煮沸 6 分鐘，三餐後服飲，加開水沖泡即可續飲，每日一帖。
- **功用**：可以消除贅肉油脂，對瘀血的散化也很有效。
- **推薦綠茶**：華頂雲霧茶，又名天臺山雲霧茶，產於佛教天臺宗

發源地 —— 浙江省天臺山華頂峰梵宮古剎周圍，屬綠茶類。茶樹大都種植於海拔 800 ～ 900 公尺的山地。

- **品質特點：**外形細緊略扁，色綠潤，香氣濃郁持久，滋味濃厚鮮爽，湯色綠亮，葉底嫩勻綠亮。

第四道：【烏髮活力綠茶】

- **瘦身茶方：**綠茶粉 6 克，何首烏、澤瀉、丹參各 3 錢。
- **用法：**加七碗水煎煮成兩碗分量的湯汁，每日一帖。
- **功用：**對貧血、新陳代謝不良、水腫都有改善作用，亦可降脂。
- **推薦綠茶：**徑山茶，產於浙江省餘杭縣西北境內之天目山東北峰的徑山，屬綠茶類。徑山主峰為凌霄峰，亦是天目山的東北峰。這裡可謂山明、水秀、茶佳。
- **品質特點：**徑山茶的條索纖細苗秀，芽鋒顯露，色澤翠綠，香氣清幽，滋味鮮醇，湯色嫩綠明亮，葉底嫩勻，經飲耐泡。

第五道：【清新減重綠茶】

- **瘦身茶方：**綠茶 1 克、大黃半錢。
- **用法：**用沸騰開水沖泡即可飲用。
- **功用：**可治口臭和口腔破皮，降火、通便、除贅肉，常飲此茶還可抗老化。要注意的是，平常大便軟的人，吃了容易拉肚子，請勿服用。
- **推薦綠茶：**平水珠茶，產於浙江省紹興市各縣，屬綠茶類。

- **品質特點：**外形渾圓緊結，色澤綠潤，身骨重實，像一粒粒墨綠色的珍珠，故稱珠茶。用沸水沖泡時，粒粒珠茶釋放展開，別有一番趣味，沖後的茶湯香高味濃。珠茶的另一特點是經久耐泡。

第六道：【降脂保健綠茶】

- **瘦身茶方：**綠茶粉 6 克，何首烏、澤瀉、丹參各 3 錢。
- **用法：**加水七碗煎煮成兩碗分量的湯汁，每日一帖。
- **功用：**對貧血、新陳代謝不良、水腫都有改善作用，另外亦可減少脂肪。
- **推薦綠茶：**普陀佛茶，又稱普陀山雲霧茶，產於浙江省舟山群島中的普陀山，屬綠茶類。因其最初由僧侶栽培製作，以茶供佛，故名佛茶。早年佛茶外形似圓非圓，似眉非眉，形似小蝌蚪，故又稱鳳尾茶。
- **品質特點：**色澤翠綠微黃，茶湯明淨，香氣清馥，滋味雋永，爽口宜人。

第七道：【消脂綠茶】

- **瘦身茶方：**綠茶 1 克、大黃半錢。
- **用法：**用沸騰開水沖泡即可飲用。
- **功用：**可治口臭和口腔破皮，降火、通便、除贅肉，常飲此茶還可抗老化。要注意的是，平常大便軟的人，吃了容易拉肚子，請勿服用。

- 　**推薦綠茶：**雪水雲綠茶，產於浙江省桐廬縣新合鄉的天堂峰、雪水嶺，屬綠茶類。桐廬產茶歷史悠久，早在三國時代《桐君採藥錄》中，就有「武昌、廬江、晉陵好茗，而不及桐廬」之說。
- 　**品質特點：**外形緊直略扁，芽鋒顯露，色澤嫩綠，清香高銳，滋味鮮醇，湯色清澈明亮，葉底嫩勻完整。

★　**小提示：**綠茶正確沖泡方式（綠茶可以多喝，但不可以亂泡）：

- 　沖泡綠茶時，水溫控制在 80 ～ 90℃左右。若是沖泡綠茶粉，以 40 ～ 60℃左右的溫開水沖泡即可。
- 　茶葉的第一泡不要喝，沖了熱水後搖晃一下即可倒掉。
- 　沖泡好的茶要在 30 分鐘至 60 分鐘內喝掉，否則茶裡的營養成分會變得不安定。
- 　綠茶粉不可泡得太濃，否則會影響胃液的分泌，空腹時最好不要喝。

　　茶後留餘香，綠茶更是茶中極品，美膚、瘦身、抗氧化，功效齊全，值得享受。

消脂減肥湯兩例

竹筍銀耳湯

- 　**原料：**竹筍 300 克、白木耳 20 克，蛋、精鹽適量，水 1,000 毫升。

- **做法**：先將竹筍洗淨，白木耳用水泡發去蒂，蛋打入碗中攪成糊；鍋中放水煮沸，倒入蛋糊，加入竹筍、白木耳，用小火煮5分鐘，加鹽調味即可食用。

- **功效**：每次午、晚餐前先喝湯吃料，也可當減肥點心食用。竹筍能祛溼利水，是消除腹壁脂肪的最佳食物，白木耳能潤肺養顏。

海帶蘿蔔湯

- **原料**：山楂 10 克、海帶 100 克、桂花 10 克、薑 5 片、蘿蔔 1 根約 300 克。

- **做法**：把蘿蔔削皮切成小塊；用 1,500 毫升水，以大火煮沸後先放蘿蔔、海帶、薑片，待水再度滾開時轉成小火，直到蘿蔔、海帶煮熟爛，最後加入用紗布包著的其他藥材，再煮 15 分鐘即可。

- **功效**：每次午、晚餐前先喝湯吃料，也可當減肥點心食用。凡貪食肉類、麵類、糕點而消化不良者，可吃蘿蔔消積滯和清理腸胃。海帶性鹹寒，常食使人消瘦，可清除血管中的多餘血脂。

第四章

零食面面觀 —— 愛吃就要搞定你

零食迷思要知道

　　許多肥胖的人都認為自己肥胖的原因是由於吃過多零食所致，但又無法抗拒零食的誘惑。若想保持姣好的身材，就會擔心吃零食影響營養的吸收，於是吃零食就成了一種心理負擔。這該怎麼辦呢？

　　其實，吃零食的習慣不用改掉，關鍵在於挑選那些能讓你的嘴忙碌而又不會增加體重的食品，並學會合理吃零食，這樣的話，甚至能夠補充正餐營養的不足。但是以下有幾個零食迷思需要注意：

果凍是一種富含營養的零食

　　多吃果凍不僅不能補充營養，甚至會妨礙某些營養素的吸收。目前，市場上銷售的果凍基本成分是一種不能為人體所吸收的碳水化合物 —— 卡拉膠，且基本不含果汁，其甜味來自精製糖，而香味則來自人工香精。

　　不過，果凍中沒有脂肪，並含有一些水溶性膳食纖維，少量吃些並沒有壞處，也不會讓你發胖，但是，你不要指望用它來增加營養。

常吃蜜餞可以代替新鮮水果

　　在這些食品加工過程中，新鮮水果所含的維他命 C 基本完

全被破壞，而加工中所用的白砂糖純度可達 99.9％以上，如此純的糖中除了大量熱量之外，幾乎沒有其他營養。而常食用這種糖，還會導致維他命 B 和某些微量元素的缺乏。另外，有些蜜餞中可能還含有防腐劑，經常食用會影響健康。

食用含鹽較多的話梅等食品比蜜餞安全

話梅、話李等零食含鹽量過高，如果長期吃進大量的鹽分會誘發高血壓。另外，若想以吃話梅來緩解嘴中空虛，也是不可取的。

堅果中營養豐富，可以多吃一些，用來補充營養

堅果的確含有非常豐富的營養，並且可以說是零食中的首選。但堅果的脂肪含量過高，熱量也較高。例如：50 克瓜子中所含的熱量相當於一碗半的米飯，如果食用過量就會有發胖的危險。

魚乾和肉乾中的脂肪含量比鮮肉低，多吃也不用擔心

魚乾和肉乾是經過乾燥而成的食品，水分含量低，其中的營養物質因此得到濃縮，是補充蛋白質的好食品。但同時肉乾也是一種高熱量的食物，大量食用和吃肉沒什麼區別，尤其是那種味道鮮美、質感較軟、多汁的肉乾，其脂肪含量更高。大量食用肉乾、魚乾除了對減肥不利之外，它們所含的蛋白質一旦超過了人體的利用能力，還可能變成致癌物質，威脅身

體健康。

　　當然，零食不能取代主食，應在量上加以限制，在品種上進行選擇，有些零食不宜給孩子多吃，如爆米花、麻花捲、可樂、汽水等。還要注意吃零食前先洗手，吃完後刷牙或漱口。吃零食不能影響正常的食慾和飯量，主、輔食永遠是人類營養素的主要來源。

讓你放心吃甜點的祕訣

　　節食減肥的人，最難過的就是不能隨便吃點心。想想要告別那香甜的巧克力蛋糕、奶油餅乾，真是讓人心有不甘。其實，只要吃得有方法，吃得聰明，享受美味與維持好身材是絕對可以兼顧的！

　　節日的假期待在家裡，閒來無事時你是不是就喜歡抱著家裡的點心盒，一邊聽著音樂、看著漫畫，一邊享受著甜點專有的香甜美味，並一直吃到自己心滿意足為止呢？然而，這種被稱為人生最大享受的美事，卻會讓你一個星期內不知不覺增加兩公斤的肥肉。假日甜品可謂保持身材的一大殺手，想戒又戒不掉，想瘦又瘦不了的煩惱一直纏繞著我們這些喜歡吃甜品的女性朋友們，真可謂苦不堪言。

星級戒備：這些點心，讓你不知不覺就吃多

有幾種點心要特別注意，它們就像埋伏在身邊的美味炸彈，在你最需要它們的時候出現，很容易讓人一不小心就吃多，不知不覺地種下肥胖的種子。因此在享受以下這些美食之前，請一定要小心！

有花生、杏仁、核桃等堅果的點心

- 戒備等級：★★
- 致胖因素：這些東西的熱量比巧克力還高，往往一不小心就吃過頭，而且又不容易計量，隨便吃掉一塊，就會吞下很多熱量。

蛋糕

- 戒備等級：★★★★★
- 致胖因素：色香味俱全的誘人蛋糕，因含有很多奶油，吃起來就特別好吃，讓人想停也停不了。但是，無論如何一天也不能超過一塊，如果真的忍不住，那就得靠其他飲食與運動來配合了。

玉米片與洋芋片

- 戒備等級：★★★★
- 致胖因素：三角形裹著調味料的玉米片真的很好吃，不過看起來小小包一卻有 2 ～ 3 份點心的熱量。而油炸洋芋片跟玉米

片一樣，也是容易吃過頭的點心，雖然看上去很薄，可是熱量的威力確實無法抵制。

鳳梨酥、方塊酥

- 戒備等級：★★★
- 致胖因素：這兩種點心老少皆宜，一般人一次都可以吃很多，但是卻很容易致胖。

巧克力加工食品

- 戒備等級：★★★★
- 致胖因素：當餅乾和泡芙加上巧克力後，不但味道令人著迷，就連熱量也節節攀升，尤其是餓著肚子的時候，一下子就容易吃過頭。

零戒備甜點：低熱量又可飽腹的完美點心

- 寒天等富含膠質的低糖甜點。
- 蔬菜棒，如西洋芹、紅蘿蔔、小黃瓜等製成的點心。
- 蘇打餅乾搭配能去脂糖的無糖花草茶，如茉莉花茶、菊花茶、玫瑰花茶等。

5 大類常見甜點的輕鬆吃法

第一類：蛋糕、西點

一想到提拉米蘇和剛出爐的草莓蛋糕，總會讓人垂涎三

尺，可惜這種人間美味對身材是極大的考驗，據說 3 個草莓蛋糕就可提供身材瘦小的人一天的熱量。

安全分量：

· 草莓蛋糕：1/3 塊

· 提拉米蘇：1/2 塊

★ **輕鬆建議：一份甜點兩個人分享是不錯的方法，一邊吃一邊聊天還可以減慢進食速度。**

第二類：麵包、甜甜圈

麵包以低甜度或者全麥的比較好，但是由於麵包屬於精緻食品，因此加工的過程也會造成熱量，而那些淋了巧克力醬和有奶油、香腸夾心的麵包熱量則更高。

安全分量：

· 麵包：甜麵包 1 個

· 夾肉式漢堡或熱狗：1/2 個

· 甜甜圈：1 個

· 三明治：1/2 個

★ **輕鬆建議：所有麵包中，以吐司的熱量最少，而甜式夾餡麵包及丹麥麵包的熱量較高，食用時可酌情攝取。**

第三類：餅乾、夾心餅乾、巧克力派

雖然餅乾的熱量沒有巧克力高，但也屬於高熱量食品，跟麵包很相似，選擇甜度較低的為好。而那些看起來油油的餅

乾,則是減肥的大敵。

安全分量:

· 餅乾:蘇打餅乾 30 克
· 普通餅乾:4 ～ 5 片
· 奶酥餅乾:2 ～ 3 片
· 夾心餅乾:3 塊
· 威化夾心:3 塊
· 巧克力派:一次 1 個

★ 輕鬆建議:在此類點心中,巧克力派的熱量屬於最高的,雖然口味香濃,但建議最好不要多吃,而食用的時間也最好放在早餐時刻。

第四類:果凍、中式及日式點心

果凍和日式甜點算是熱量比較低的點心,脂肪含量相對也比較低,雖然有的比較甜,但是油脂含量也不太高,相較之下可以放心地吃。而中式點心一般熱量較高,最好少吃。

安全分量:

· 果凍:2 杯
· 日式甜點:2 個
· 月餅:1/2 個
· 蛋黃酥:1/2 個
· 鳳梨酥:1 個

★ 輕鬆建議:吃這些點心時,最好配合一些花草茶,不僅可以

起到消脂清腸的作用，還可以提高點心的口感。

第五類：巧克力、冰淇淋

巧克力是女性最愛的零食之一，高油脂與高甜度為其特色，但是只要吃得適量，也不是完全不能吃；而冰淇淋的熱量雖然高，但因為裡面含有不少水分，吃一個還不至於對身材構成大的威脅。脆皮冰淇淋最好不要連皮一起吃，否則就等於多攝取了一份點心的熱量。

安全分量：

· 巧克力條：1/3 條
· 巧克力塊：3 塊
· 冰淇淋：冰淇淋拼盤 1/3 盤
· 冰淇淋球：1 球
· 鮮奶冰淇淋：2 個

★ 輕鬆建議：比較聰明的吃法是選擇鮮奶冰淇淋，其熱量只有奶油冰淇淋的一半，也比較營養健康。而一般來說，黑巧克力會比牛奶巧克力熱量稍低，聰明的你一定知道該選哪一種了。

瘦人吃了必胖的零食

提到減重，就不得不強調飲食控制。不過，你是不是常有

這樣的疑惑呢？為什麼我吃得東西不多，卻還是大腹便便？這有可能是因為你在無意中攝取了過多的卡路里，因此，每天因為習慣而吃下的東西，才是你好身材的「剋星」。

巧克力餅乾

每天吃 6 片，熱量 302 大卡，一年發胖 14 公斤。

每到下午茶時間，是不是就覺得飢腸轆轆？雖然減肥的書上都說應該用芹菜和紅蘿蔔條來取代零食，可是這些蔬菜水果雖然健康卻沒什麼味道，還是拿幾片最愛的巧克力餅乾來充飢吧。但是，你知道巧克力餅乾裡頭到底有哪些東西嗎？答案就是：大量的糖和很多的油脂。如果每天都用巧克力餅乾當下午茶，那只需要半年的時間，就會胖 7 公斤，如果持續一年，就會有 14 公斤的肉跟著你一起移動。在巧克力餅乾美味的背後卻是高熱量的陷阱，而且高油和高糖的食物還會讓人快速老化。

★　建議：想得到抗氧化的效果，與其從巧克力當中取得，不如多喝一點低熱量的綠茶。

巧克力棒

每天吃一條，熱量約 250 大卡，一年發胖 13 公斤。

如果沒時間吃正餐，那你充飢的小零食是不是巧克力棒？如果你真的用巧克力棒充飢，千萬不要再補一頓正餐，因為一條巧克力棒的熱量相當於一頓正餐一半的熱量。如果在你的人

生裡，難以脫離香濃的巧克力與其中濃濃的焦糖、花生的美妙滋味，那麼你最好隨時注意體重計上的數字。此外，巧克力棒裡所含的高糖分，還是導致氧化作用的幫兇，會使老化速度加快。

★ 建議：如果戒不掉每天吃一條巧克力棒的習慣，最好每天找時間慢跑至少半個小時，這樣才能消耗掉那條小小巧克力棒的熱量。

罐裝果汁

每天喝一罐 500 毫升的果汁，熱量 255 大卡，一年發胖 12 公斤。

明明知道蔬菜水果含有許多豐富的維他命和礦物質，但就是懶得吃。既然不吃水果，就用果汁來代替吧，可是用果汁來代替水果並不能攝取足夠的礦物質和維他命。這是因為水果在做成果汁的過程中，會流失許多礦物質和維他命，而僅剩的維他命 C，也會因為光照的因素而減少。如果仔細看罐裝果汁上的標示就可以發現，大部分的果汁都是濃縮還原，而且還加了許多的糖。所以，如果你認為喝果汁比較營養並天天來上一罐，果汁裡的高糖分會讓你在一年之後增加 12 公斤的體重。

★ 建議：為了身材，也為了健康著想，多吃新鮮蔬菜水果，絕對是維持窈窕身段的不二選擇。

第四章　零食面面觀——愛吃就要搞定你

普通可樂

　　每天喝一罐 375 毫升的可樂，熱量 168 大卡，一年發胖 8 公斤。

　　可樂是受大家歡迎的飲料，吃漢堡薯條搭配可樂是最佳選擇；當大家共聚一堂分享美味的披薩時，也愛用可樂來搭配。不過，就算不和食物搭配，許多人也養成了一天喝一杯可樂的習慣。這是因為可樂裡的咖啡因和特殊配方，容易讓人上癮。雖然現在市面上已經有低卡可樂，不過還是有許多人不能適應代糖的味道。如果你已經不能一天沒有可樂，那麼最好多做一點運動來消耗多餘的熱量，因為一天一罐，就可以讓你在一年後發胖 8 公斤。更可怕的是，喝下的可樂不但不會產生飽足感，其重口味還會讓你吃下更多食物。不只是可樂，其他的汽水、沙士等也是少喝為妙。

　　★　建議：如果真的無法放棄可樂，最好選擇使用代糖的低卡可樂。

啤酒

　　每天喝一罐 375 毫升的啤酒，熱量 147 大卡，一年發胖 7 公斤。

　　朋友間聚餐、唱歌的時候，啤酒是不可或缺的助興角色。不過，就算一天只喝一罐啤酒，一年之後也會換來 7 公斤的體

重，這也就是為什麼啤酒會有「液體麵包」的稱號，而且常喝啤酒的人會換來一個沉甸甸的啤酒肚。啤酒中除了使人發胖的熱量外，幾乎不含任何營養素，所以對健康沒有任何幫助。如果想要品嘗啤酒的麥香，最好還是淺嘗輒止，不要養成每天喝的習慣，也不要在睡前喝，因為啤酒有利尿的作用，睡前喝會造成大量的水分聚積在體內，導致夜晚頻尿的現象。

★ 建議：使用啤酒入菜。經過加熱之後的啤酒，酒精大部分都蒸發完畢，不但可以增添菜餚的香味，也可以避免酒精所帶來的高熱量負擔。

巧克力健康吃法

很多人都喜歡吃巧克力，但是，大家可別忘記巧克力的高熱量會令人發胖。如何健康的吃巧克力？下面所提供的這些食用技巧將讓巧克力一族再也不必心驚膽跳。

雖然巧克力有不少好處，但是並不代表可以把它當成保健食品，因為它的高熱量可導致肥胖。此外，巧克力中的可可脂為飽和脂肪酸，吃多易提高血膽固醇，影響心血管的健康，所以有心血管疾病的人還是少吃為好。

由於巧克力的熱量主要來自脂肪及醣類，所以如果巧克力吃多了，在其他飲食上就應該減少油脂及醣類的攝取，以免總

量攝取超標，造成身體熱量的負擔。此外，多吃蔬菜來減少脂肪的吸收，加速脂肪的代謝，亦是很好的補救辦法。

最後，高油脂、高糖的巧克力由於不容易消化，會延遲胃排空的能力，對於消化不良及胃潰瘍的病人並不適合，至於要控制血糖的糖尿病人也應該節制食用。

健康吃法小竅門

1　把無糖巧克力粉加入脫脂牛奶中調製成飲品。

2　飲用低脂巧克力牛奶。

3　水果如梨子、哈密瓜等，切塊加點巧克力醬進食。

4　用薄薄一層巧克力醬塗麵包。

5　鬆餅或餅乾加低脂巧克力及少量巧克力粒。

6　購買獨立小包裝的巧克力，只買少量。

7　選購時可選純度高又低糖低脂的巧克力食品。

冰淇淋該怎麼吃

冰淇淋種類不斷翻新，口味多樣化，已經成了人們的消暑良伴。

經相關專家測定，100 克冰淇淋中含 74.4 克水分、2.4 克蛋白質、5.3 克脂肪、17.3 克糖，另含有少量的維他命 A、B2、E

以及鈣、鉀、鋅等微量元素；100 克冰淇淋相當於 35 克白飯。因此，吃冰淇淋一定要吃對方法才行。

冰淇淋是一種高脂肪食物，不易消化，吃多了會降低食慾。冰淇淋中的糖屬於精糖，不宜吃太多。人一天食用 30 克左右的糖才是最佳的。如果一天吃上好幾盒冰淇淋，再加上牛奶、汽水或其他食物中所含的糖，那麼，每天所食用的糖分就遠遠超過 30 克了。

冰淇淋的溫度一般在 0℃ 左右，而人的正常體溫是 37℃，如此懸殊的溫差對人的腸胃是一種很大的刺激，它會使腸胃血管收縮，減少消化液的分泌。如果一天中食用冰淇淋過多，刺激頻繁，會引起腸胃疾病。

過度食用冰淇淋，一般是胖子越吃越胖，而瘦子越吃越瘦。因為，本就肥胖的女性吸收功能較好，冰淇淋中的脂肪和糖分無疑加劇了她們的肥胖；而瘦小的女性一般體質較弱或偏食，冰淇淋吃多了，厭食的毛病變本加厲。因此，早上、飯前、飯後以及睡前和空腹時都不要吃冰淇淋。除此之外，那些體質虛弱，尤其是腸胃功能不好的人，以及患有糖尿病、肥胖病、高血脂症或對牛奶有過敏的人，不要吃冰淇淋。

曲線瘦身咖啡

相信不少人都有喝咖啡的習慣，也知道咖啡可以提神。最近一兩年來，歐美一帶盛行喝一種名為「曲線」的瘦身咖啡飲品，通過「誘導生熱」的原理來降低食慾，既安全又不會令體重反彈。如果你已試過無數減肥方法都未能減到理想體重，不妨嘗試一下這種方便又快捷的喝咖啡瘦身法。

「誘導生熱」怎樣幫你減肥？

原理大分析：「生熱」指在體內自行燃燒脂肪，是一種自然又安全的減肥方法。曲線瘦身咖啡利用藤黃果精華、柑橘果實精華、低甜分活性果糖，搭配哥倫比亞優質即溶咖啡，製成適當的調和比率，從而產生誘導生熱的作用，達到減肥瘦身效果。

瘦身咖啡必備成分

想透過喝咖啡來瘦身，並非全靠咖啡那麼簡單，還要配合 3 種特別成分。

1　藤黃果精華瘦身特性：含有天然成分 HCA，能阻止葡萄糖轉化為脂肪，有效促進體內脂肪燃燒，並調節食量的效用。

2　柑橘果實精華瘦身特性：從柑橘植物提煉而成，生物專家發現其具有誘導生熱效果，能加速脂肪燃燒，有助舒緩消化系統，幫助新陳代謝循環。

3　低甜分活性果糖瘦身特性：能誘發人體自然燃燒多餘脂肪。

曲線瘦身咖啡飲法

1　餐前半小時沖泡 1 杯飲用，有助加速新陳代謝，減低食慾及誘發生熱作用。

2　下午茶時間感到肚子餓時沖飲 1 杯以代替零食。

- ·　**熱飲法：**取 1 至 2 茶匙的曲線瘦身咖啡，放入 1 杯沸水中攪勻；也可以加入脫脂奶及 1 粒低卡路里代糖以調和味道。
- ·　**凍飲法：**先以少許沸水將咖啡攪勻，然後加入脫脂奶及代糖，再加冰水或冰塊便可。

辦公室喝瘦身咖啡的最佳時間

1　午飯後 30 分鐘至 1 個小時內，品嘗 1 杯濃郁不加糖的咖啡，有助於飯後消化，並促進脂肪燃燒。

2　下班前，再喝 1 杯咖啡，並配合步行。

咖啡瘦身的要訣

1　不要加糖：如果不習慣咖啡的苦味，可以加少許的牛奶，但千萬不能加糖，因為糖會妨礙脂肪的分解。

2　熱咖啡比冰咖啡有效：熱咖啡可以幫助你更快地消耗體內的熱量。

3　淺度烘焙的咖啡最有效：烘焙溫度高的咖啡，味道雖然濃郁，但咖啡因含量較少，不利於減肥，而味道比較淡的美式咖啡則有利於減肥。

黑咖啡 —— 最健康的咖啡

1　黑咖啡是非常健康的飲料，1 杯 100 克的黑咖啡只有 2.55 大卡的熱量。所以餐後喝杯黑咖啡，就能有效地分解脂肪，幫助減肥。

2　黑咖啡更有利尿作用。

3　黑咖啡還可以促進心血管的循環。

4　對女性來說，黑咖啡還有美容的作用，經常飲用，能使你容光煥發，光彩照人。

5　低血壓患者每天喝杯黑咖啡，可以使自己更舒服。

6　在高溫煮咖啡的過程中，還會產生一種抗氧化的化合物，它有助於抗癌、抗衰老，甚至有防止心血管疾病的作用，可以媲美水果與蔬菜。

13 種零食飯後可適當吃

這一篇適合愛吃零食又怕胖的人，因為零食吃得適當也可有益身體健康。以下 13 種零食飯後吃一些，有益健康又不會變胖！

1　**葵瓜子**：可以養顏。葵瓜子含有蛋白質、脂肪、多種維他命和礦物質，其中亞麻油酸的含量尤為豐富。亞麻油酸有助於保持皮膚細嫩，防止皮膚乾燥和生成色斑。

2　**花生**：能防皮膚病。花生中富含維他命 B2，正是國人平日膳食中較為缺乏的維他命之一。因此平時多吃些花生，不僅能補

充膳食中維他命 B2 的不足，而且有助於防治唇裂、眼睛發紅發癢、脂漏性皮炎等多種疾病。

3　**核桃**：可美甲。核桃中含有豐富的生長素，能使指甲堅固不易裂開，核桃中亦富含植物蛋白，能促進指甲的生長。

4　**紅棗**：預防壞血病。棗中維他命 C 含量十分豐富，被營養學家稱作「活維他命 C 丸」。膳食中若缺乏維他命 C，人就會感到疲勞倦怠，甚至產生壞血病。

5　**奶酪**：固齒。奶酪是鈣的「礦場」，可使牙齒堅固。營養學家根據研究表示，一個成年人每天吃 150 克奶酪，有助於達到人老牙不老的目標。

6　**無花果**：促進血液循環。無花果中含有一種類似阿司匹林的化學物質，可稀釋血液，增加血液的流動，從而使大腦供血量充分。

7　**南瓜子和開心果**：富含不飽和脂肪酸、胡蘿蔔素、過氧化物以及酶等物質，適當食用能保證大腦血流量，令人精神抖擻、容光煥發。

8　**牛奶糖**：含糖、鈣，適當吃能補充大腦能量，令人神清氣爽，皮膚潤澤。

9　**巧克力**：能使人心情愉悅並有美容作用，還能刺激多巴胺等物質分泌，使人產生戀愛的幸福感。

10　**芝麻糊**：有烏髮、潤髮、養血之功效，多吃可防治白髮、掉髮，令人頭髮烏亮秀美。

11　**葡萄乾**：有益氣、補血、悅顏之益處，但要注意衛生。

12　**薄荷糖**：能潤喉嚨、除口臭、散火氣，令人神清喉爽。

13　**柑橘、橙子、蘋果等水果**：富含維他命 C，能減慢或阻斷黑色素的合成，美白皮膚，屬鹼性食品，能使血液保持中性或弱鹼性，從而有健身、美容作用。

第五章

吃對每一餐，不瘦也很難

特別早餐完全手冊

　　理論上，一頓來自豐盛早餐的營養可占人體全天所需攝取量的 25%～ 35%。但實際上，我們的早餐常常被省略：沒有時間、不餓、懶得做，都是最常見的理由。早餐作為漫漫長夜後的第一餐，對我們是十分重要的。一頓理想的早餐應該包括：1 杯飲料，以補充夜晚消耗的水分；奶製品，補充所需鈣質；富含維他命 C 的水果、麵包或粗糧，提供上午所需熱量。

　　早餐通常不會導致肥胖，就算在減肥期間，豐盛的早餐也不會讓你變得更重。希望看到這裡，能讓你有更多的意願來鼓勵自己吃早餐。

不吃午餐

- **需求：**由於時間緊迫，你常常省略午餐，反而改吃零食來充飢，且晚餐食量驚人。當然，再豐盛的早餐也不能完全替代午餐，但適當的餐點搭配還是能盡量提供你一天所需的礦物質、維他命和纖維素。我們白天約需要攝取 1,400 大卡的熱量，這需要一頓豐盛的早餐，再外加一些下午茶點，有可能時，中午適當吃些東西，這樣就能彌補你營養攝取量的不足。
- **菜單：**2 大片美式烤麵包、2 份炒蛋、1 片乳酪、3 顆小柑橘、1 杯咖啡。
- **要點：**炒蛋可以代替午餐中的魚或肉來提供大量的蛋白質，蛋

白質是更新組織細胞、製造紅血球必不可少的元素，也是產生飽腹感的重要食物。如果你有膽固醇方面的問題，也可以把炒蛋換成 100 克火腿或較瘦的雞肉。

做運動

- **需求**：運動員應該讓自己的早餐含有更多能量，以提供運動所需的水、礦物質和維他命。在平衡方面，我們要注意快速釋放碳水化合物（糖、果醬）和慢速釋放碳水化合物（全麥麵包、果乾）的攝取比例，以確保運動全程的熱量提供。一頓正確的早餐提供 800 大卡的熱量應該是沒問題的。如果你早起並做運動的話（比如上班前慢跑），可以將早餐分成兩次吃，以避免可能出現的消化問題：運動前吃 1 片麵包和一些果乾，運動後再吃其他的東西。

- **菜單**：3 片果醬麵包、1 杯天然優格、一些蜂蜜、果乾（香蕉乾、棗、李子乾、杏仁等）、1 杯柳橙汁、1 杯茶。

- **要點**：果乾，可以集中提供你所需的基本營養元素（慢速釋放碳水化合物、鈣、維他命 B 群），它含有的抗氧化物質可以有效中和肌肉在運動中產生的自由基。運動後吃果乾，能更快地恢複體力。

重要會議

- **需求**：如果你的目標是一直到午飯時都保持精力充沛，那就別

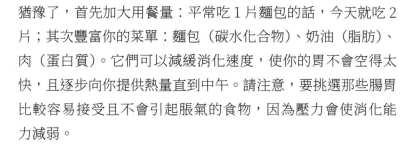

猶豫了，首先加大用餐量：平常吃 1 片麵包的話，今天就吃 2 片；其次豐富你的菜單：麵包（碳水化合物）、奶油（脂肪）、肉（蛋白質）。它們可以減緩消化速度，使你的胃不會空得太快，且逐步向你提供熱量直到中午。請注意，要挑選那些腸胃比較容易接受且不會引起脹氣的食物，因為壓力會使消化能力減弱。

- **菜單：** 2～3 片雞肉、2 片奶油麵包、1 杯柳橙汁、1 塊榛子巧克力、1 杯茶。

- **要點：** 榛子巧克力所含的鎂可以讓你在激烈的會議中保持頭腦清醒。另外，巧克力中的可可鹼類似於咖啡因，可以刺激精神和身體產生興奮感。榛子提供鎂和維他命 B 群，有利於大腦平衡。巧克力中所含的類似於興奮劑的抗憂鬱物質是保持愉悅心情的好幫手。

早上不餓

- **需求：** 早上沒有食慾通常是前一天晚上進食過晚或過量造成的。為此，我們要盡量改正這種不良的飲食習慣，不要太晚吃飯，也不能吃得太撐。不餓的情況下，早餐應該選擇清淡易消化的食物，液體和較軟的食物是首選，我們可以從下面的實驗來驗證：當早上不餓時，面對 1 顆蘋果、1 杯蘋果汁和 1 碗糖水燉蘋果，你會對哪樣更有食慾呢？如果早上你真的什麼也吃不下的話，不妨把早餐帶到辦公室去，因為在 9 點或 10 點時，你的消化系統會開始趨於正常，使你感到飢餓。為了刺激

消化，你可以多喝清水，或在醒來時喝一杯果汁。

· **菜單：**優格 1 杯、葡萄汁 1 杯、餅乾 3 片。

· **要點：**優格易吞嚥、易消化、不影響食慾，且含有足夠的鈣質和蛋白質，同時可以作為在辦公室吃餅乾時的佐餐飲料，口味可依自己喜好挑選。

減肥期間

· **需求：**在有計畫的減肥期間，早餐應該均衡而豐富，所需熱量在 400 ～ 500 大卡之間。正確的早餐菜單可以平衡一天所需的熱量，並降低晚餐的熱量攝取。減肥早餐包括複合碳水化合物（麵包、麵包乾、粗糧等），奶製品（奶酪、牛奶或優格），1 杯飲料或 1 份水果。少吃糖或果醬，因為這些是純粹的卡路里，不含其他營養成分。另外，早餐要吃飽，省得中午前餓了會吃零食。

· **菜單：**麩皮麵包 2 片、1 份奶酪、2 顆奇異果、1 杯茶。

· **要點：**奇異果，富含維他命 C，滿足人體一天所需；低卡路里，含維他命 E（抗衰老）、礦物質（鈣、鎂、鉀）和纖維素。實際上，減肥期間，我們在減少熱量攝取的同時，也減少了其他營養素的攝取，這樣就破壞了營養平衡。而奇異果豐富的營養成分正是我們選它的原因，它還有利尿、防便祕等功效。如果覺得一直吃奇異果很單調的話，也可以吃柳丁（全部吃下去，比柳橙汁更營養）、鳳梨（利尿）、葡萄柚（清淡）等富含維他

命的水果。

減肥早餐食譜

新的一天從睜開眼睛開始，而充滿活力的一天，從吃完豐富早餐的這一刻啟程。即使是在減肥期間也不能剝奪自己享用早餐的權利，因為有些早餐是可以讓你越吃越窈窕的。

- **主食**：饅頭、芝麻蜂蜜包、純精肉小籠包。

- **飲料**：綠豆紅棗湯、紫香糯米粥、麥仁飯、薏仁紅棗湯、黑大豆豆漿。

- **蔬菜**：純精肉香腸＋蔬菜、精肉＋蔬菜、蛋＋涼拌菜、生小黃瓜、生蘿蔔、純芝麻醬。

- **說明**：饅頭用 100%的全麥粉和酵母粉發酵製成，不可放鹼。沒有全麥粉則用中筋麵粉或蕎麥粉代替。
  芝麻蜂蜜包的餡料用黑芝麻爆炒、磨碎再拌入適量蜂蜜製成，也可以加核桃仁、松子仁、甜杏仁、葡萄乾等。
  精肉指用糧食、青草餵養的黑毛豬的瘦肉。小籠包的製法如普通小籠包，但不能放味精。
  涼拌菜可用大白菜心、紅蘿蔔、菜椒、蔥、薑、蒜等切絲，油爆花椒磨碎，再拌上醋與醬油攪勻，絕不能氽燙或擠掉菜汁。油料最好用芝麻油、菜籽油、大豆油，禁止所謂提純的沙拉油。

· **禁忌：**禁食所有糕點、成品飲料、熟製品、半成品、餐廳等的飯菜。特別禁止所謂「全營養素」，一個「素」字就足以否定其「全營養」。

另外，一日三餐必須按時用膳，無論飢飽，不得缺餐。三餐需有不同風味，早餐饅頭粥、午餐白米飯、晚餐其他麵食。這樣用餐絕對能保證身材不走樣。

減肥早餐 DIY：鮮奶＋蔬菜＋粥＋雞肉

總熱量：469 大卡

· **食材：**低脂鮮奶 240 毫升（95 大卡）、空心菜 100 克（24 大卡）、白粥 2 碗（250 大卡）、去皮雞腿肉 2 兩（100 大卡）、蒜仁 1 粒。

· **調味料：**橄欖油 2 匙（或特級橄欖油）、鹽和黑胡椒適量、香菇醬油少許。

· **做法：**

1　雞腿肉用少許水加入一點鹽、黑胡椒，水煮熟透即可，撈起後淋上少許香菇醬油調味。

2　將煮過雞腿肉的水拿來燙青菜;將蒜仁磨成泥;再加入鹽、黑胡椒、橄欖油，拌均勻即可。

3　用一碗剩飯加入兩碗水煮滾，再用小火煮至濃稠，白粥便大功告成。

★　**小提示：**對減肥者來說，一天的關鍵在於「早餐」，早餐絕對不

能省。而適度的油脂，會幫助你瘦得「水亮」，像初榨的特級橄欖油就很不錯，預算足夠的人則可選用更高等級的橄欖油，都能為減肥者的健康把關。

健康減肥早餐小提示

營養均衡的早餐，是身體健康的保證，正確的早餐習慣，也是減肥期間最應該養成的。

1　起床即吃早餐容易消化不良，一般在起床 20 至 30 分鐘後再吃為佳。

2　有早起習慣的人，早餐可安排在 7 點以後吃較好。

3　不要因為趕時間就吃得太快，以免損傷消化系統。

4　早餐也要定時定點，否則會影響消化、吸收。

5　早餐以後吃的食物並不能替代早餐，所以不吃早餐而靠加餐是沒有科學依據的。

不吃早餐的迷思 —— 可以透過多吃午餐或晚餐，把營養補回來。

★　小提示：不吃早餐的人，全天熱量、蛋白質、脂肪、碳水化合物和某些礦物質（如鈣、鐵、維他命 B2、維他命 A、葉酸等）的攝取量低於吃早餐的人。不吃早餐或早餐營養不夠，是引起全天能量和營養素攝取不足的主要原因之一。早餐所提供的營

養素很難從午餐或晚餐中得到補充。所以,為了自己的身體,每天和家人一起吃上一份早餐吧!

減肥早餐四大守則

立志成為窈窕淑女的第一課,就是養成吃早餐的好習慣。可別以為少吃一餐就可以幫你節省多少熱量。相反的,夜晚中器官組織運作會消耗掉前一天晚餐儲存的熱量,此時需要適當補充,才能擁有應對高活動量的好體力,使一整天神清氣爽!

早餐守則一:熱量計算

算出你一天需要多少熱量來維持身體的基本動力,並將 1/3 的熱量分配在早餐攝取。別擔心過多熱量造成脂肪堆積的問題,白天的代謝率高,營養易吸收,熱量易消化。

早餐守則二:複合性醣類

多攝取複合性醣類的熱量,例如全麥麵包等全穀類製品。這類澱粉易分解,迅速為你提供所需熱量及多種營養成分。

早餐守則三:水分補充

水分補充在清晨萬萬不容小覷,上午最好將一天水分的 1/3

補充完畢。未進食前先來杯 200 毫升開水活絡腸胃，或者餐後來杯助消化的優酪乳製品。

早餐守則四：清淡

　　油脂含量過多的餐點，會使血液循環速度緩慢，血液帶氧量減少。早餐食譜宜以清淡為主，並且兼顧營養均衡，若真忍不住香酥美味的誘惑，一個禮拜吃一兩次也可以。

　　早餐是不可拋棄的任務，減肥也是不可推卸的使命，下面為大家介紹幾種有明顯減肥效果的早餐：

- 脫脂牛奶 1 杯、烤全麥麵包 2 片、番茄 1 顆。
- 銀耳蓮子粥 1 碗，由低脂乳酪、生菜、麵包、火腿各 1 片做成的三明治 1 份。
- 小餛飩 1 碗、五香茶葉蛋 1 顆。
- 菜包或肉包、不加糖的豆漿。
- 白饅頭 1 個、荷包蛋 1 份。
- 小水煎包 2 個、甜豆漿 1 份。

健康午餐營養計畫

　　對於在公司裡工作的白領女性來說，去哪裡解決午餐是很關鍵的問題，她們大多數人的午飯都在外面隨便吃，只求填飽肚子完事，雜七雜八的飲食長期下來，可能會造成下面這

些隱患：

- **胃病**：很多職業女性工作幾年後，胃就出了問題，還以為是自己的交際應酬增多造成的，其實不然，主要原因就在於午餐的不規律和隨便。

- **精力不濟**：作為腦力、體力雙重壓力下的現代職業人，經過一個上午的辛苦工作後，如果中午隨便「混」一頓沒有營養的飯食，午後的工作精力肯定打折。

- **厭食**：很多職業女性不是忙得沒了食慾，而是午餐時間的緊迫讓她們吃倒了胃口。光顧快炒店的炒菜族常常會因為衛生情況不佳而牢騷不斷，導致每天雖然到了店裡卻提不起興趣吃飯；而水餃或麵條族卻因為天天對著同樣食物而喪失好胃口。

- **發胖**：與之相對，人們在午間沒有得到照顧的胃口通常會保留到晚餐時反撲。在自己家煮飯也好、和家人相聚時的氣氛也好，這些都使胃口大開、吃得津津有味，不知不覺就違背了飲食的規律：晚餐要少。

那麼，如何讓午餐滋潤起來，還自己一個健康的飲食方式呢？

商業套餐法

有條件的白領應該選擇商業套餐。商業套餐無論從衛生角度還是營養角度，都是白領們解決午餐的最佳方式，不足之處是價格比較貴，不是所有人都承受得起。另外，由於商業套餐中的原料多使用豬肉和雞肉，因此提供的蛋白質會偏高，再加

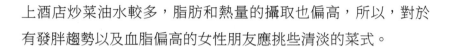

第五章　吃對每一餐，不瘦也很難

上酒店炒菜油水較多，脂肪和熱量的攝取也偏高，所以，對於有發胖趨勢以及血脂偏高的女性朋友應挑些清淡的菜式。

便當族需知

便當的優勢在於便宜和菜色多樣，但便當從製作完畢到收到，中間隔得時間較長，有些還要經過再次加熱，營養的損耗顯而易見，尤其當中的維他命 C 會被氧化。因此，便當一族應該餐後喝一杯純果汁或是吃些新鮮水果（飯後一小時再吃，不要在餐間吃，那樣影響消化）。

不提倡麵食

無論是水餃還是麵條，都是以碳水化合物為主，因此會較快被身體吸收利用，飽得快，餓得也快，很容易產生飢餓感。對於下班晚，或者下午工作強度大的白領們來說，它們所能提供的熱量是絕對不夠的。

快樂用餐小提示

約同伴一起吃飯。獨自用餐當然了無生趣，有幾個要好的同伴，吃飯時交流一點八卦新聞和時尚訊息，既加深了友誼也營造出就餐好心情。

水果、零食。特別是有些女孩子喜歡吃零食，如果午餐吃得較簡陋，那麼就帶些可口的點心，如黑巧克力、腰果、小塊

糕點、水果等等。當然，不主張天天如此。

尋找理想小店。公司沒有餐廳，也沒有配套餐，你又不打算帶便當，那就要在公司附近發掘一些衛生又可口的小店。方法是幾家輪著吃，直到找到最理想的為止，任何情況下都不要因為怕麻煩或是懶而糟蹋了自己的胃。還可以向前輩打聽，借鑒他們的方法，聽聽他們的介紹。

在辦公室工作了一個上午的你，午餐不僅要為身體補熱量，還要為大腦補能量，優質蛋白質就是大腦智能活動的燃料，它們能提升腦細胞新陳代謝的速度，有效抵抗腦疲勞。如果你想讓自己總是神采奕奕、工作效率一流，就趕快為自己制定一份理想午餐吧！

吃中餐的 8 條減肥策略

中餐向來以油膩的形象深入人心，縱使色香味俱全，也會令減肥者望而卻步。可是為了減肥一直吃西餐總會覺得膩，下面告訴你一些小技巧，使你不僅能吃到美味的中餐，又不會使減肥付諸東流。

1　嚴格控制夾菜量，即使是人間難得的美食，也絕不過量。

2　請優先選擇蒸、煮、涼拌、烤、燉等用油少的烹調方式。

3　若忍不住夾了一塊炸物，請務必去皮後再食用。

4　別被勾芡、糖醋的美麗外表騙了，裡頭都是滿滿的油！

5　各種來歷不明的碎肉製品絕對不能吃，天曉得裡面是否有好幾種不同的熱量。

6　多吃青菜有助於消化，若能在食用前過水，去除油膩就更好了。

7　濃湯和清湯，聰明的減肥族絕對選清湯，並撇開上層浮油。

8　炒飯、炒麵類吸油量大，且蔬菜種類少，少吃為妙。

10 日減肥午餐菜單

　　以下提供的 10 日減肥午餐菜單，以蔬菜與水果為主，輔以必要的蛋白質及維他命，在保證基礎營養的同時，可以達到清理腸胃、排除毒素的美容功效，同時還可以有效地讓你除去至少 3～7 公斤的肥肉！

Day 1～3

　　午餐：燙青菜 1 碗或生菜沙拉 1 份，可用醋和鹽粒調味，請勿加高熱量的沙拉醬。再選擇下列任何一個午餐組合：

　　瘦身湯 1～2 碗（可以是豬肉蘿蔔湯等少油的湯類）。

　　瘦身粥 1～2 碗（如薏仁粥、麥片粥、荷葉粥等，薏仁粥可有效消除水腫；麥片粥可促進腸胃消化；荷葉粥具有減肥功效）。

　　午餐後可以吃 1 粒複合維他命來補充缺乏的維他命與微

量元素。

下午茶：若你到了下午就餓得頭暈眼花，可以吃 2 片高纖蘇打餅乾，配 1 杯低熱量的脫脂牛奶（或無糖豆漿），立刻就能讓你精神一振。繼續堅持瘦身課程表吧！

Day 4 ～ 7

午餐：這幾天你可以自由進食，分量可適度增加，但必須注意要將蛋白質與澱粉分開食用，同時避開油炸食品、多糖多脂肪的食品，注意多喝開水。

Day 8 ～ 10

午餐：清淡的燙青菜 1 碗或生菜沙拉 1 份（仍不可以加沙拉醬），再選擇下列任何一款食物：

瘦身湯 1 碗（可以是豬肉蘿蔔湯等少油的湯類）。

瘦身粥 1 碗（如薏仁粥、麥片粥、荷葉粥等）。

午餐後請補充複合維他命。

在飢腸轆轆的下午可以喝脫脂牛奶（或無糖豆漿）1 杯，蘇打餅乾 1 ～ 3 片，還可以吃 1 ～ 2 個果凍，當然要注意它的含糖量。

以上菜單以 10 天為一個循環，可堅持使用直到達到理想體重。

美味瘦身晚餐 DIY

當夕陽悄悄蔓延整個城市，忙了一天又餓又累的你，終於回到了屬於自己的小窩。可不能再虧待自己了，休息片刻之後，動起手來吧！圍上你的圍裙，為自己準備一份美味的晚餐。若你顧慮到最近體重又增加 1 公斤的話，就為自己的胃呈上一份瘦身的美味大餐吧！

米飯＋蔬菜＋沙朗牛肉＋水果

總熱量：434 大卡

食材：

- 糙米＋薏仁＋燕麥共 1 碗（90 大卡）
- 高麗菜 100 克（33 大卡）
- 沙朗牛排 100 克（250 大卡）
- 西瓜 250 克（61 大卡）
- 蒜仁 1 粒

調味料：

DOP 橄欖油 2 匙（或特級橄欖油）、蠔油適量、鹽和黑胡椒適量。

做法：

1　將糙米、薏仁、燕麥（1：1：1）洗淨，然後泡水約 4 小時，再用 1：1.2 的水煮熟。

2　將 DOP 橄欖油 1 匙加入鍋中，放入蒜仁片炒香，再放入高麗菜和一些水炒至熟透，最後放入鹽和黑胡椒調味即可。

3　先將沙朗牛排撒上鹽和黑胡椒簡單調味，再將平底鍋預熱，加入 DOP 橄欖油，以中火將沙朗牛排煎熟（依個人喜好調整生熟度即可）。

★　**小提示**：糙米、薏仁、燕麥在煮之前先泡水，主要是為了讓口感更好。即使煮米，在煮之前最好也能泡上 5 至 10 分鐘，口感會有很大不同。而好的牛排，不需要特別醃製，只要抹點鹽、黑胡椒下去煎，就能品嘗出牛肉本身的香味。

減肥者的晚餐該怎樣吃？

很多人減肥都選擇少吃甚至不吃晚餐，其實，減肥的同時還是可以享受豐富美味的晚餐的。

選擇以蛋白質為主、低脂肪的菜色。晚餐的主菜最好是魚和豆類等蛋白質含量多的食物，這類食物在體內消耗成為熱能的熱量比較多，不易囤積成體內脂肪。

在晚上 8 點前結束晚餐。吃完晚餐到就寢前，至少要留有 3 ～ 4 個小時的時間，讓食物得到充分的消化、分解，這才是不

增加脂肪的最佳選擇。

外出就餐時注意要營養均衡。如果你白天和晚上都經常外食，最好多多留意，讓每餐所吃的主要原料都不一樣；若是長期外出用餐，不妨多吃些燙青菜和燉青菜，以補充人體必需的維他命。

晚餐太棒身體變胖

有調查顯示，90％的肥胖者皆因晚餐吃得太好。對上班族來說，常常是早餐不吃，午餐隨便，晚餐豐盛，但是專家認為，正是這樣不良的生活方式才導致了胖子們層出不窮。早餐不能不吃，這是常識，偏偏有一些人還認為一日三餐少吃一餐一定可以減肥。

其實，不吃早餐不但阻礙營養吸收、影響精神狀態，而且由於供給的熱量減少，還會令身體機能自動調節消耗熱量的速度，反而達不到減肥的目的。再加上早餐不吃，午餐就會吃得又快又多，更易發胖。等到好不容易下班，一般人自然會將晚餐弄得豐盛來獎勵自己，於是肉、蛋、魚紛紛上桌，一頓猛吃。但晚餐若吃得過飽，血糖和血中氨基酸及脂肪酸的濃度就會增高，加上晚上一般活動量少，熱量消耗低，多餘的熱量大量合成脂肪，便會逐漸使人發胖。有的人以為只要多吃菜，少

吃主食，就不會發胖，然而，令人胖起來的並非是主食，而是那些豐盛的菜餚。要知道，50 克油脂能產生 500 大卡熱量，需要連走樓梯 30 分鐘才能消耗，消化不了就會轉化成脂肪堆積起來。

晚餐過好導致的另一個惡果是：晚餐若過多進食肉類，還會使血壓猛升，加之人在睡覺時血流速度減慢，大量血脂就會沉積在血管壁上，從而引起動脈粥狀硬化，使人患上高血壓和冠心病。肥胖可誘發 30 多種並發症，如糖尿病、高血脂、腦血管障礙、心絞痛及心肌梗塞等，並且，因肥胖而患上脂肪肝的人群越來越多，這本屬於老年疾病，近期卻悄悄瞄上了肥胖的中青年上班族。

因此，人們不能只把肥胖當成是簡單的「面子問題」。要治肥胖，必須從改變生活方式及糾正飲食習慣入手，晚餐吃得少些，餐後盡量走走，增加些運動，才能避免肥胖病的發生。另有實驗證明，限制晚餐食量除了避免發胖，還能減少許多中老年常見病的發生率，如糖尿病、高血壓、白內障、腎功能衰竭、免疫系統和胃腸道癌症等。另外，如果人們能夠維持理想的體重，則冠心病、心力衰竭等意外死亡率可比目前減少 20% 左右。看來，為了健康，我們大家還是應記著那句老話：「早飯要吃好，午飯要吃飽，晚飯要吃少。」

晚餐不當可「惹禍」

隨著生活節奏加快，對於上班族來說，晚餐幾乎成了一天的正餐。早餐要看「表」，午餐要看「活」，只有到了晚上才能真正放鬆下來穩坐在餐桌前，開心地大吃一頓。殊不知，這極不符合養生之道，醫學研究顯示，晚餐不當是引起多種疾病的「罪魁禍首」。

一些常見慢性疾病正是因為長期晚餐習慣不良所導致。那麼，晚餐究竟應該怎麼樣吃呢？

1 **晚餐要早吃**：晚餐早吃是一種保健良策。晚餐早吃可大大降低尿路結石病的發病率。晚餐食物裡可能含有大量的鈣質，在新陳代謝進程中，有一部分鈣被小腸吸收利用，另一部分則經過腎小球過濾後，進入泌尿道排出體外。人的排鈣高峰常在餐後 4～5 小時，若晚餐過晚，當排鈣高峰期到來時人已入睡，尿液便滯留在輸尿管、膀胱、尿道等尿路中，不能及時排出體外，致使尿中鈣不斷增加，容易沉積並形成小晶體，久而久之，逐漸擴大形成結石。

2 **晚餐要多吃菜**：晚餐一定要偏素，以富含碳水化合物的食物為主，尤其應多攝取一些新鮮蔬菜，盡量少吃蛋白質、脂肪類食物。但在現實生活中，由於有相對充足的準備時間，所以大多數家庭晚餐非常豐盛，這樣對健康不利。蛋白質攝取過多，人體吸收不了就會滯留於腸道中變質，產生氨、吲哚、硫化氨等

有毒物質，刺激腸壁誘發癌症。若脂肪攝取太多，會使血脂升高。大量的臨床醫學研究證實，晚餐經常進食葷食的人比經常進食素食的人血脂一般要高 3 至 4 倍，而患高血脂、高血壓的人如果晚餐經常吃葷食無異於火上澆油。

3　**晚餐要少吃**：與早餐、中餐相比，晚餐宜少吃。一般要求晚餐所供給的熱量以不超過全日膳食總熱量的 30％為宜。晚餐攝取過多熱量，可能引起血膽固醇增高，過多的膽固醇堆積在血管壁上，久而久之會誘發動脈硬化和心腦血管疾病；晚餐過飽，血液中糖、氨基酸、脂肪酸的濃度就會增高，晚飯後人們的活動量變小，熱量消耗少，上述物質便在胰島素的作用下轉變為脂肪，日久，身體就會逐漸肥胖。

吃火鍋不胖的祕訣

如今，火鍋店遍地開花，吃火鍋也成了眾多人士外出就餐的首選，火鍋要怎樣吃才不至於讓愛美的妳變胖呢？

清湯鍋底

吃火鍋要吃得健康，首先由選擇鍋底開始。湯中的「肥霸」是麻辣湯、起司牛奶湯等，油分和熱量均高，其他如骨湯亦不宜多喝。建議可選擇有健康鍋底之稱的紅蘿蔔馬蹄湯、皮蛋香菜湯、清湯和冬菇湯。

患病人士多注意

味道香濃的火鍋湯底，是各種材料的精華聚集之所，湯底含極高的磷、鉀、鈉和普林，是尿酸過高、痛風和腎臟病患者的大敵。除此之外，清湯湯底經過幾個小時的烹煮後，脂肪含量也不小。

先菜後肉

肉類中含有不少脂肪，涮煮時會不停地滲出。傳統吃法是先涮肉後煮菜，這會使蔬菜像海綿般吸掉湯中的油分，令本來低脂健康的蔬菜，變得高脂又肥膩。想吃得健康，要先煮菜後涮肉，或者同時煮菜和肉。

選肉祕訣

選擇肉類應以瘦肉為主，不妨以去皮雞肉、兔肉和各類海鮮等代替高脂的肥牛肉。牛丸、魚丸的熱量較墨魚丸、豬肉丸低，但由於都是加工食品，還是多選新鮮的牛、雞、豬、魚肉為佳。

不同部分的肉類也會影響食物的熱量，可以用魚片代替魚肚；而豆皮、炸魚等屬油炸食物，少吃為妙。海鮮是較健康又美味的選擇。

火鍋醬料

雖然大部分火鍋食物沒有加入調味料，但火鍋沾醬如：沙茶醬、辣椒油等，除了熱量高外，鹽分也不少，怕胖又患有高血壓者，切記勿食用。

也應避免將生蛋作為醬料，以免其中所含的沙門氏菌引發嘔吐、腹瀉及腹痛等，抵抗力較弱的小朋友及老人更應避免食用。

避免交叉感染

開始吃火鍋前必須預備兩雙筷子，分別用於生和熟的食物，以防止交叉感染大腸桿菌。涮火鍋時，必須先徹底涮熟，貝類等海鮮須特別注意，以防感染甲型肝炎等頑疾。

多喝水

很多人都有吃火鍋後喉嚨痛的經歷，主要原因是進食時對著滾燙的火爐，水分大量流失所致。要改善這種情況，應多喝開水，同時要待食物冷卻後才進食。

選用飲品時，應避免啤酒、酸梅湯、柳橙汁、汽水等高熱量飲料，應選擇清茶、保健的汽水等。

精明吃燒烤

燒烤潛藏著致癌和致肥的危機，因此，燒烤要烤得健康才行，準備燒烤食物時要注意以下幾條原則。

均衡搭配食物

一日三餐要營養均衡，燒烤也不例外。一般燒烤都很著重肉類、蔬菜。

其實可供燒烤的原料有很多健康選擇：五穀雜糧有玉米、蕃薯、全麥麵包等，還可選擇較低脂的海鮮以及金針菇、茄子等蔬菜。

低脂食物較健康

一隻燒烤的全雞翅，熱量有 150 大卡，相當於一大碗米粉。而香腸，每根也有 90 大卡熱量。

要烤得有營養，就要多選擇新鮮的肉類，如牛排、豬排；海鮮類，如鮮蝦和海帶等。肉丸中，魚丸、牛肉丸裡雖含味精，但屬低脂食物，也可適量選吃。

抗氧化減少致癌物

燒烤後，不妨吃一顆含豐富抗氧化物的奇異果或柳丁，可

減少燒烤時致癌物質對人體的傷害。

燒烤助手相伴

食物在 200 度高溫中直接加熱，當肉類接觸到木炭時，會產生一種名為「異環胺」的致癌物質，此物質附著食物上，會增加致癌機會。

要提防被癌症侵襲，不妨常備剪刀，去除燒焦部分，或利用錫紙，避免食物直接於高溫中加熱。

勿食用剛烤熟的食物

避免將剛烤熟的食物立即放入口中，經常進食過熱的食物，容易誘發食道癌及喉癌。

自己醃製食物

若與朋友一起燒烤，應盡量避免使用已醃製的燒烤包，而是要盡可能自己醃製，以控制油分及調味料。避免塗上蜜糖或醬汁，以免提升食物的熱量。

預先減量

燒烤當日，可減少其餘兩餐的肉類分量，以便於在燒烤時多吃一點，但切忌頻繁的燒烤活動，只可偶爾進行。

兩週見效的瘦身食譜

這份食譜是依據國際流行的「分食法」（蛋白質食物和碳水化合物食物分開吃，旨在讓兩種食物不易合成脂肪的方法）及有利於人體健康而設計的。堅持兩個星期，你會發現不僅身材日漸苗條，皮膚也更加細膩光滑。

週一

- ・ **早**：咖啡、蘋果。
- ・ **午**：米飯（1 小碗）、炒馬鈴薯青椒絲、生小黃瓜（1 根）、紫菜湯。
- ・ **晚**：蝦（數隻）、燒豆腐、涼拌生洋蔥、芹菜。

週二

- ・ **早**：麥片粥（1 小碗）、麵包（1 片）、葡萄。
- ・ **午**：鯽魚蘿蔔豆腐湯、水煮蛋（1 顆）、生菜沙拉。
- ・ **晚**：綠豆粥（1 小碗）、饅頭（1 個）、生拌茄泥、生小黃瓜（1 根）。

週三

- ・ **早**：烏龍茶、奇異果。

- 午：燒竹筍、涼拌花椰菜、水煮蛋（1 顆）。
- 晚：綠豆粥（1 小碗）、燒紅蘿蔔、生小黃瓜（1 根）。

週四

- 早：白米粥（1 小碗）、全麥麵包（1 片）、柳丁（1 顆）。
- 午：燒牛肉、生菜沙拉、冬瓜湯、生番茄（1 顆）。
- 晚：玉米粥（1 小碗）、饅頭（1 個）、燒蘆筍、生小黃瓜（1 根）。

週五

- 早：咖啡、蘋果。
- 午：米飯（1 小碗）、素燜扁豆、炒青菜、冬瓜湯。
- 晚：雞肉、燒紅蘿蔔、涼拌芹菜。

週六

- 早：麥片粥（1 小碗）、柳丁（1 顆）。
- 午：水煮蛋（1 顆）、燒海魚、蘑菇炒青菜。
- 晚：白薯粥（1 小碗）、涼拌菠菜、餅（1 兩）。

週日

· 　**早**：綠茶、蘋果。
· 　**午**：紅蘿蔔、芹菜炒豬肝、水煮蛋（1顆）、番茄湯。
· 　**晚**：綠豆粥、蒜拌海帶絲、饅頭（1個）、生小黃瓜（1根）。
　　　（注：如感到餓可在早午飯之間加1杯優格。）

制定世界上最健康的瘦身菜單

　　當我們檢索完不同文化和不同地域的飲食，好與壞我們都已經了然於胸了。既然如此，從現在開始來擬定屬於自己的健康飲食方案吧！一份全新的健康飲食計畫，將會使你渾身充滿活力，比以前更有耐力，情緒的波動也不再那麼強烈。如果長時間堅持這樣的飲食，不僅能降低患病機率，而且還會再比預期壽命延長15年。當然，隨之而來的，還有好身材。

　　其實不用再天天計算你攝取的熱量數了，下面，我們就來看看這個融合了中西各地精華的世上最健康菜單。

早餐：

　　鮮榨的橘子汁、麥片粥（先把燕麥放在牛奶中浸泡一晚上，再和切碎的蘋果丁、淡黃葡萄乾、一點麥芽、1勺蜂蜜一起熬成粥）、抹一點奶油的烤麵包、綠茶。

這是一份高穀物、高纖維的早餐。麥片粥可以幫助你降低膽固醇；麥芽富含維他命 E；2 份飲料 —— 綠茶和鮮橘子汁，含大量的維他命。

上午茶：

豆漿。

這是攝取植物性雌激素的很好辦法。一大杯豆漿可以幫你攝取 30 ～ 40 毫克的植物性雌激素。這種激素已被證明可以大大降低罹患乳腺癌的概率。它還能通過平衡體內激素來緩解你的 PMS。

所謂 PMS，就是經前期綜合征。一般會在女性排卵期到經期第一天之間的日子裡「大駕光臨」，而且發病很不規律。病症也許只持續一兩天，也許會長達一個禮拜。通常，20 歲至 30 歲的女性是發病的高峰人群，在這個年齡段，不光發病的概率最大，而且病情惡化的機率也相對最大。

午餐：

海鮮或雞肉、由嫩蔬菜葉和橄欖油做成的沙拉、米飯。

海鮮或雞肉都能提供低脂高蛋白的營養。混合沙拉和新鮮果汁可以為你提供重要的抗氧化素，如果飲食中維他命 C 和維他命 E 的含量低，就會很容易罹患心血管疾病、肥胖症和高血

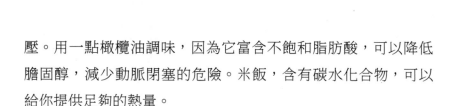

壓。用一點橄欖油調味，因為它富含不飽和脂肪酸，可以降低膽固醇，減少動脈閉塞的危險。米飯，含有碳水化合物，可以給你提供足夠的熱量。

晚餐前：

紅葡萄酒、橄欖。

喝一點紅葡萄酒能保護你的心臟，橄欖能起到開胃的作用。

晚餐：

廣東式煲湯或日本豆麵醬湯、烤魚、麵條或泡飯、水果、綠茶。

廣東式煲湯營養豐富；日本豆麵醬湯是由大豆做的，所以又能提供植物性激素。鮮魚有很大的好處，它的脂肪含量低而蛋白質含量高，魚類因含有豐富的脂肪酸，可以降低膽固醇和血壓。麵條或泡飯能讓主食吃得適度又容易消化，而蔬菜、水果和綠茶可以提供大量的維他命及抗氧化物。

第六章

高效減肥食譜 DIY

令你快速苗條的涼拌菜

生食、涼拌菜的減肥功效

　　生食、涼拌菜多以海魚、肉類及生蔬菜為原料。魚貝類、肉類是蛋白質的主要來源，熱量較低，可安心食用；而不含熱量的海帶或菇類、蔬菜加上適量的調味料，吃起來味道更佳，且方便易做，不用擔心食後熱量超標。所以，生食、涼拌菜是減肥者餐桌上的常備佳餚。

小蔥拌豆腐

- **材料**：豆腐 250 克，小蔥 75 克，精鹽、味精和香油各適量，胡椒粉少許。
- **做法**：
  1　將豆腐切成小塊；小蔥洗淨，切成小段，備用。
  2　把豆腐塊放入盆內，加入精鹽、味精、胡椒粉調好，撒上小蔥段、淋上香油即可。
- **特點**：綠白相映，清香爽口。

拍小黃瓜

- **材料**：小黃瓜 150 克，香油 2 克，精鹽少許。

· **做法**：小黃瓜拍扁，切塊，加香油、精鹽拌勻。

拌茼蒿

· **材料**：茼蒿 200 克，精鹽少許。
· **做法**：茼蒿切段，放入開水中燙一下即撈出，瀝乾後裝盤，加精鹽少許，拌勻。

鹹蛋拌豆腐

· **材料**：豆腐 400 克，鹹蛋 1 顆，蔥花少許，芝麻油、精鹽和味精各適量。
· **做法**：
   1　豆腐切成小方丁，放在盤內。
   2　鹹蛋煮熟剝殼，切成 U 形。
   3　將鹹蛋丁和豆腐丁放在一起，加入芝麻油、精鹽、味精，攪拌均勻，撒上蔥花即成。
· **特點**：此菜色彩分明，軟嫩鹹香，經濟實惠，製作方便。

涼拌芹菜

· **材料**：芹菜 500 克，海蜇皮（水發）150 克，小蝦米 3 克，精鹽、味精、醋各少許。
· **做法**：
   1　芹菜洗淨，瀝乾；蝦米泡好；海蜇皮泡好洗淨，切成細絲。

2　將芹菜、海蜇絲、蝦米一起攪拌均勻，同時加醋少許，加精鹽、味精少許即可食。

涼拌嫩莖萵苣

- 　**材料**：嫩莖萵苣 300 克，精鹽適量。
- 　**做法**：嫩莖萵苣切絲，用沸水燙一下，撈出，撒入精鹽拌勻即可。

香蒜拌腐竹

- 　**材料**：腐竹 100 克，小黃瓜 100 克，熟豬瘦肉 30 克，香菜 30 克或芹菜 50 克，大蒜 15 克，精鹽、味精、香醋、芝麻油各適量。
- 　**做法**：

  1　腐竹用溫水加鹼泡軟，撈出用清水洗淨，瀝乾，切成細絲。

  2　香菜洗淨，用開水泡一下，擠乾水分，切成細末；大蒜搗成泥。

  3　將熟豬肉、小黃瓜分別切成細絲。將腐竹絲、小黃瓜絲、熟豬肉絲一起裝入盤中，再將香菜末、蒜泥、精鹽、味精、香醋、芝麻油調成汁，澆入盤中，拌勻即成。

- 　**特點**：軟韌鮮香，清爽可口。

芹菜拌豆腐

· **材料**：豆腐 400 克，嫩芹菜 100 克，熟火腿 15 克，芝麻油、精鹽、味精各適量。

· **做法**：

1　將豆腐切成 0.5 公分的細條，用開水煮透，瀝乾水放入盤中。

2　嫩芹菜用開水煮熟，切成 3 公分長的小段，放入盛豆腐的盤中。

3　火腿切成細末。

4　將芝麻油、精鹽、味精放入豆腐、芹菜盤中，拌勻，撒上火腿末即成。

· **特點**：簡單易做，爽口，味香，別具一格。

番茄拌高麗菜

· **材料**：高麗菜 200 克，番茄 100 克，香油 2 克，醋、味精、精鹽各**少許**。

· **做法**：

1　高麗菜切塊，燙一下，撈出；番茄燙一下，去皮切塊。

2　將番茄和高麗菜放入盤中，加精鹽、味精、香油、醋，拌勻即可。

白菜心拌豆干

- 　**材料：**白菜心 150 克，豆干 50 克，花椒油 2 克，蔥、香菜、精鹽、味精各少許。
- 　**做法：**
  1　白菜心、豆干切絲，燙一下。
  2　拌入蔥絲、香菜末、花椒油、精鹽和味精後即可享用。

芹菜拌銀芽

- 　**材料：**芹菜、綠豆芽各 100 克，醋、精鹽各少許。
- 　**做法：**
  1　芹菜切段，燙一下。
  2　綠豆芽燙一下撈出，和芹菜放在一起，加醋、精鹽，拌勻即成。

涼拌三色

- 　**材料：**芹菜 150 克，綠豆芽 50 克，紅蘿蔔 25 克，香油 2 克，醋 20 克，精鹽、醬油、蒜泥各少許。
- 　**做法：**芹菜破開切段、紅蘿蔔切絲，與綠豆芽一起燙一下，拌入調味料即成。

青菜拌豆腐

· **材料：**豆腐 400 克，香菜 100 克或芹菜 100 克。

· **做法：**

1 豆腐切成小方丁，用鹽開水燙透，撈出來晾涼，瀝乾水分。

2 香菜用開水洗淨，瀝乾水分切成末；大蒜砸成泥，然後和香菜末一起盛於盤內，加入芝麻油、精鹽、味精、胡椒粉，拌勻。

3 將拌勻的香菜末料撒在豆腐上即成。

4 特點：鮮嫩芳香，風味獨特。

冬筍拌乾絲

· **材料：**豆干 200 克，香菜和冬筍各少許，精鹽、味精、芝麻油各適量。

· **做法：**

1 把豆干和冬筍用水煮熟，晾涼，分別切成絲，放入盤中。

2 香菜洗淨，切成末，放在豆干和冬筍上。

3 加入精鹽、味精和芝麻油，拌勻即可。

4 特點：香、脆、嫩。

咖哩蔬菜

· **材料：**茄子 50 克，紅蘿蔔 30 克，番茄 100 克，高麗菜和洋

159

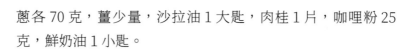

蔥各 70 克，薑少量，沙拉油 1 大匙，肉桂 1 片，咖哩粉 25 克，鮮奶油 1 小匙。

· **做法：**

1　將茄子去皮切塊，紅蘿蔔切塊，番茄去皮切末，洋蔥切大塊，高麗菜切片，薑切末。

2　用熱油炒薑，加各種蔬菜、1 大匙酒、鹽和胡椒各少量、肉桂、2 杯高湯煮，煮沸後轉為小火。把蔬菜煮熟，再放咖哩粉煮一下，盛盤後淋入鮮奶油。

生雞肉

· **材料：**雞胸肉 500 克及檸檬、薑、醬油、蘿蔔泥、蠔油汁少許。

· **做法：**

1　去筋骨的雞胸肉用熱水燙過，然後泡在冰水中冷卻。

2　將肉剁碎，最好有些半生不熟才吃。食用時可蘸檸檬、薑泥、醬油調和而成的醬汁，或是蘿蔔泥加醬油，亦或是蠔油汁等隨個人喜好選擇。當然最好配上生菜同吃。

牛肉拌海帶

· **材料：**牛肉 500 克，牛蒡 500 克，醋、檸檬汁、海帶、山椒少許。

· **做法：**

1　切成薄片的牛肉用 70 度左右的熱水燙過，然後放入冰水中冷卻，瀝乾水分後再切成細絲狀。

2　牛蒡以刀背削去皮，再切成火柴棒般大小，泡入醋水中。

3　在沸騰的滾水中加入少許的醋，並把泡過醋的牛蒡放入水中稍微燙過，起鍋後立刻以水沖涼瀝乾。

4　把牛肉和牛蒡混在一起，加上檸檬汁、切細的鹽漬海帶和山椒輕輕攪拌。牛蒡也可以用荷蘭芥菜、芹菜、豆苗等來替代。

生魚片沙拉

· **材料：**生魚 500 克，海帶芽、香菇、小黃瓜、白菜 500 克，檸檬汁、醬油、芝麻油、沙拉油少許。

· **做法：**

1　把白肉的魚切成生魚片，然後混合上海帶芽、碳烤過的香菇、鹽漬過的小黃瓜或白菜等。

2　食用前可淋上柚子或檸檬汁、醬油、芝麻油，亦或是普通的沙拉油，再輕輕地混合攪拌。

3　也可加入磨碎的山葵醬，沒有的話以薑泥或芥末醬代替也可以。

雙韭拌醬

· **材料：**韭菜、韭黃各 50 克，其餘少許。

· **做法：**韭菜和韭黃放入鹽水中微燙，然後起鍋擠乾水分，切成 4～5 公分長並以少許醬油醃漬，而後稍微瀝乾醬汁，拌上芥末醬。

芹菜拌腐竹

· **材料：**芹菜 150 克，水發腐竹 150 克，香油 2 克，醋、精鹽、味精各少許。

· **做法：**

1　芹菜切段，稍燙，撈出涼透。

2　腐竹切小斜條，放在芹菜上面，加精鹽、味精、醋、香油拌勻即成。

芹菜拌紅蘿蔔

· **材料：**芹菜 150 克，紅蘿蔔 100 克，花生米 10 克，香油 2 克，精鹽、味精各適量。

· **做法：**

1　芹菜燙熟，用涼水沖涼，切絲。

2　紅蘿蔔切絲。

3　花生米煮熟。一同裝盤，加鹽、味精、香油拌勻後即成。

尖椒拌豆干絲

- **材料：**豆干 2 克，尖青椒少許，精鹽、味精、蔥、薑、蒜、辣油各適量。
- **做法：**
  1 把豆干煮透，晾涼，切成絲，放入盤內。
  2 把蔥、薑、蒜、尖青椒洗淨，切成末，放在豆干上。
  3 加上精鹽、味精和辣油，拌勻即可。

拌肚絲

- **材料：**熟豬肚 50 克，青椒 100 克，辣椒油 3 克，青蒜、醋、精鹽、味精各少許。
- **做法：**豬肚、青椒分別用開水燙過後切成細絲，擺盤，放青蒜末，拌入精鹽、醋、辣椒油。

拌苦瓜

- **材料：**苦瓜 100 克，香油 1 克，味精、精鹽各少許。
- **做法：**苦瓜破開去瓤切細絲，燙一下，盛入
- 碗裡，放入味精、精鹽、香油拌勻即可。

拌蘿蔔絲

- **材料：**白蘿蔔 300 克，香油 2 克，香菜、精鹽各少許。

．**做法：**

1　蘿蔔切絲。

2　香菜切末，與蘿蔔絲一同拌入精鹽腌 20 分鐘後，滴入香油即可。

香椿拌豆腐

．**材料：**豆腐 400 克，香椿芽 50 克或燈椒 50 克，芝麻油 20 克，薑末 10 克，精鹽 5 克，味精 4 克。

．**做法：**

1　香椿芽洗淨，在沸水中燙一下，瀝乾水分，切成末。

2　豆腐切成 1 公分見方的塊，放入盤中，均勻地撒上精鹽，腌 5 分鐘，去掉鹽水。

3　薑末、精鹽、味精、芝麻油等做成調味料。將香椿末均勻地撒在豆腐上，然後將調味料淋上即成。

4　特點：香椿脆嫩與豆腐同拌，清香爽口。

涼拌三鮮

．**材料：**綠豆芽、菠菜各 100 克，水發木耳 50 克，香油 2 克，蒜泥、精鹽、味精、醋、醬油各少許。

．**做法：**

1　綠豆芽燙一下，放入涼水內泡涼，撈出瀝乾水分。

2　菠菜切段，燙一下，涼水泡涼，放入豆芽碗內。

3　木耳撕成小片，與豆芽、菠菜放在一起，拌一下，放入精鹽、味精、醋、蒜泥、醬油、香油拌勻即可。

多味茄泥

· **材料**：茄子 250 克，大蒜泥 25 克，香菜末 5 克，香油 2 克，醬油、醋、精鹽、味精各少許。

· **做法**：

1　將茄子蒸熟搗成泥狀，放入盤中。

2　將香菜末、蒜泥、精鹽、味精、香油加在一起兌成汁，澆在茄子上面拌勻即成。

涼拌蘑菇

· **材料**：蘑菇 250 克，香油 2 克，蔥、薑、味精、精鹽各少許。

· **做法**：

1　蘑菇切薄片。

2　鍋置火上，注入素湯，放蔥、薑，滾開後放進蘑菇，小火滾 5 分鐘。

3　取出蘑菇，放入盤內，精鹽、味精、香油撒在蘑菇上，拌勻即可。

薑汁菠菜

· **材料**：菠菜 250 克，鮮薑 25 克，香油 2 克，醋、精鹽、味精

各適量。

· **做法：**

1　菠菜放入開水鍋中稍煮，撈出切段，瀝乾水分，晾涼放入盤中；鮮薑去皮，剁細末。

2　將薑末、醋、香油同少許鹽和味精放在一起，調勻，淋在菠菜上拌勻即可。

菠菜拌鮮菇

· **材料：**菠菜 150 克，蘑菇 100 克，乾紅辣椒 2 個，植物油 5 克，精鹽、味精、香菜、辣椒油各適量。

· **做法：**

1　菠菜切段，蘑菇切片，香菜切末，乾紅辣椒切絲。

2　菠菜、蘑菇入沸水中燙一下，撈出裝盤。鍋置火上，放油再放入乾紅辣椒炸焦。

3　鹽、味精、辣椒油倒入盤中拌勻，撒上香菜末即可。

熗麻辣生菜

· **材料：**生菜 250 克，乾紅辣椒 1 個，花椒油 5 克，蔥、薑、蒜末、精鹽、醋、味精各適量。

· **做法：**

1　生菜切絲，放盤內，加精鹽拌勻稍醃，乾辣椒去籽泡軟切絲備用。

2　生菜擠去鹽水，放入碗內，加熱花椒油、醋、辣椒絲及蔥、薑、蒜末、味精，拌勻即成。

芹菜拌蘿蔔丁

· **材料：**芹菜 100 克，心裡美蘿蔔 100 克，花椒油 3 克，精鹽少許。

· **做法：**芹菜和心裡美蘿蔔切小丁，撒上精鹽和花椒油拌勻，即可食用。

怪味苦瓜

· **材料：**苦瓜 200 克，辣椒油 5 克，薑末、蒜末、蔥花、精鹽、醋、味精各少許。

· **做法：**苦瓜剖成兩半，挖盡瓜瓤，順長切條，入開水煮熟，撈出瀝水，拌入精鹽、醋、薑末、蒜末、蔥花、辣椒油、味精調勻。

素拌馬鈴薯絲

· **材料：**馬鈴薯 150 克，番茄 25 克，花椒油 2 克，醋、精鹽、味精各少許。

· **做法：**

1　馬鈴薯去皮，切細絲，入冷水漂去澱粉，撈出瀝水，用開水煮熟，瀝乾後盛盤中。

2　醋、精鹽、味精、花椒油調成汁。番茄沸水燙後去皮，切薄片，擺入盤內做點綴，最後澆上調味料。

海帶拌香干

- **材料**：水發海帶 100 克，豆干、青椒各 50 克，香菜 10 克，辣椒油 5 克，精鹽、味精、醋各少許。
- **做法**：

  1　豆干、海帶、青椒切絲，香菜切段。
  2　鍋置火上，加水燒沸，海帶絲下鍋燙透，撈出，瀝乾。
  3　精鹽、味精、辣椒油、醋澆在豆干絲和海帶絲上，撒上青椒絲和香菜段，拌勻即可。

香辣馬鈴薯

- **材料**：馬鈴薯 100 克，雪裡紅 50 克，辣椒油 10 克，精鹽、味精各少許。
- **做法**：

  1　馬鈴薯切絲，燙熟；雪裡紅切末，放入碗內加水泡去部分鹽分，瀝水。
  2　將馬鈴薯絲、雪裡紅、精鹽、味精、辣椒油拌勻即成。

酸辣雪裡紅

- **材料**：雪裡紅 150 克，豆干 25 克，冬筍 50 克，辣椒油 3 克，

蒜苗、醋、精鹽各少許。

- **做法：** 雪裡紅、蒜苗切末，冬筍、豆干切成細絲，冬筍、雪裡紅燙熟，撒蒜苗末，加精鹽、醋、辣椒油拌勻。

速效減肥的粥

粥類的減肥功效

米粥健脾養胃，滑潤可口，是人們喜愛的膳食之一。米與各種配料合煮，可健脾益胃，利水減肥，實在是健美減肥又補充營養的佳品。

什錦烏龍粥

- **材料：** 生薏仁 30 克，冬瓜籽仁 100 克，小紅豆 20 克。
- **做法：** 全部用料洗淨，放入鍋內加水煮至豆熟，再放入粗紗布包好的乾荷葉及烏龍茶再煮 7 ～ 8 分鐘，取出紗布包即可食用。

大米粥

- **材料：** 白米 30 克。
- **做法：**

169

1　　將米洗淨，放入鍋內，加水，置火上煮開後改為小火。

2　　以水沸騰為度，煮至米爛。

綠豆粥

· **材料**：粳米 100 克，綠豆 10 克。

· **做法**：綠豆先以溫水浸泡 2 小時，粳米加水後和綠豆同煮，豆爛米湯稠時即可。每日可食 2～3 次。

玉米粥

· **材料**：玉米 25 克。

· **做法**：鍋內放入玉米，加水，旺火煮開改小火，黏稠時即可食用。

香菜粥

· **材料**：香菜 25 克，白米 50 克，精鹽少許。

· **做法**：

1　　將鮮嫩香菜洗淨切碎。

2　　取白米加水先煮成稀粥，再加入香菜、精鹽即可食用。

菠菜粥

· **材料**：粳米 30 克，菠菜 50 克，精鹽、味精各少許。

·   **做法：**粳米加水煮粥，米熟後將切成段的菠菜放入粥中，煮熟即成。吃時放入鹽、味精。也可加入蝦皮同煮。

豬骨番茄粥

·   **材料：**番茄 50 克，豬骨頭 100 克，白米 20 克，精鹽適量。

·   **做法：**

1   番茄切塊；豬骨剁碎與番茄一起入鍋，加適量清水，旺火熬煮，沸後轉小火繼續熬半小時，把湯倒出備用。

2   粳米入鍋，倒入番茄骨頭湯，置旺火上，沸後轉小火，煮至米爛湯稠，放適量精鹽。

牛肉大米粥

·   **材料：**牛肉、白米各 25 克，五香粉、精鹽各少許。

·   **做法：**牛肉切薄片；白米洗淨，加水適量與牛肉片共煮至熟，加入五香粉和精鹽拌勻即成。

蘑菇粥

·   **材料：**鮮蘑菇、粳米各 15 克，精鹽少許。

·   **做法：**鮮蘑菇洗淨切碎，與粳米同煮成粥，撒少許精鹽。

銀耳粥

- **材料：**白木耳 10 克，粳米 25 克。
- **做法：**白木耳泡發，撕小片，與粳米一起下鍋，放水，旺火煮沸後，改小火，成粥即可。

百合綠豆粥

- **材料：**綠豆 50 克，百合 20 克，桂花糖少許。
- **做法：**
  1 綠豆入鍋，浸泡 4 小時。百合去除汙泥，一瓣瓣剝下，去除百合的老衣，用清水洗淨。
  2 綠豆下鍋，加清水燒沸，轉小火燜至綠豆開花，放百合燒開，撒入桂花糖拌勻即可。

什錦粥

- **材料：**粳米 15 克，地瓜 20 克，白果、荸薺、栗子、蠶豆、黃豆各 5 克，青菜 50 克，精鹽、味精各少許。
- **做法：**
  1 蠶豆、黃豆浸泡 10 小時；地瓜、荸薺去皮，栗子去殼及外皮，切成小丁；白果去殼，剝去芯；青菜洗淨切絲。
  2 粳米放鍋內，加入蠶豆、黃豆、地瓜、荸薺、栗子、白果及清水，旺火煮開，微火熬 40 分鐘左右，至米粒開花，加入菜絲，至米湯黏稠時，加入精鹽、味精，攪

匀即成。

雞肉芹菜粥

· **材料**：雞肉、白米各 25 克，芹菜 50 克，蔥、精鹽各少許。
· **做法：**
1　雞肉切碎；蔥切末；芹菜切段。
2　雞肉、白米下鍋，加水，待粥熬好，蔥末、芹菜段倒入粥中，加少許精鹽，再煮一下即成。

蛋花粥

· **材料**：粳米 25 克，蛋 1 顆，精鹽少許。
· **做法**：鍋置火上，放適量清水煮開，下粳米熬煮，粥將好時，把蛋液打散後均勻地倒在粥內，再熬片刻，加少許精鹽，攪匀即可。

糯米綠豆粥

· **材料**：糯米 20 克，綠豆 10 克。
· **做法**：綠豆浸泡 6 ～ 12 小時，與糯米一同入鍋，加水，大火煮開，改小火煮至湯黏粥稠。

第六章　高效減肥食譜 DIY

八寶粥

- **材料：**糯米 15 克，紅棗 4 枚，花生 5 克，桂圓 4 個，赤小豆、綠豆各 5 克，蓮子 8 個，板栗 4 個。
- **做法：**
    1　紅棗泡發，去核；桂圓去殼除核；花生泡發，去皮；板栗去外殼和內衣，切小塊；蓮子泡後除去外衣和蓮心。
    2　糯米和赤小豆、綠豆放入鍋內加水，白米煮開，紅棗、花生米、板栗塊和蓮子一起放入煮開的粥鍋內同煮。
    3　桂圓肉切成小粒，待鍋中赤豆煮爛時，改小火煮 10 分鐘左右，粥黏稠時即可離火。

糯米蓮心粥

- **材料：**糯米 25 克，通心蓮 10 克。
- **做法：**
    1　通心蓮泡軟，上籠蒸至酥而不碎。
    2　鍋加水，放入糯米，大火煮沸，小火燜煮，見粥黏稠時加進通心蓮，再煮 15 分鐘左右，改小火燜煮，3 分鐘即可。

西瓜皮綠豆小米粥

- **材料：**西瓜皮 100 克，綠豆 10 克，小米 20 克。
- **做法：**

1　西瓜皮切丁。

2　鍋加水，下綠豆，煮開，潑冷水，再煮開，放西瓜皮和
　　小米，一同煮成粥。

牛奶棗粥

· **材料：**白米 20 克，牛奶 100 克，紅棗 4 枚。

· **做法：**

1　白米、紅棗入鍋，加水，置旺火煮開。

2　米爛湯稠時加入牛奶，再煮開，盛入碗內。

牛奶麥片粥

· **材料：**牛奶 50 克，麥片 25 克。

· **做法：**乾麥片用冷水泡軟，泡好的麥片連水一起倒入鍋中，煮
　　開 2 ～ 3 分鐘後，加入牛奶，再煮 5 ～ 6 分鐘，麥片酥爛、
　　稀稠適度，盛入碗內。

海參粥

· **材料：**水發海參 50 克，粳米 25 克，精鹽少許。

· **做法：**海參切片，粳米洗淨加水適量與海參片同煮為稀粥，撒
　　入精鹽。

粳米雞絲粥

- **材料**：粳米 25 克，雞肉 10 克，料酒、蔥花、精鹽、味精少許。
- **做法**：粳米加水，和雞肉（切絲）一起入鍋，旺火煮沸後再用小火煮半小時，放進精鹽、味精、料酒，略煮沸，撒上蔥花即成。

豆腐藕粉粥

- **材料**：嫩豆腐 400 克，西湖藕粉 30 克，白糖 20 克，桂花糖 20 克。
- **做法**：
  1　豆腐用沸水泡去豆腥味，去掉表面較硬的皮，切成小丁。
  2　藕粉用冷開水拌勻（無粒塊狀）。鍋內放水 300 克，加白糖煮沸，放入豆腐，淋上藕粉拌勻，盛入碗內，撒上桂花糖即成。
- **特點**：色白透明，甜糯不膩，潔淨清香。

誘人的減肥主食

　　許多人認為減肥就是不吃飯，這種觀念其實是大錯特錯。不吃飯絕不能減肥，反而會影響健康。

　　每個希望瘦身的人都應該了解，為了要瘦得美麗且具效

果，單靠低熱量食物是不夠的，應該注重飲食均衡，安心地食用米飯和肉類，並且時時費心留意食物的問題。所謂費心留意，不只是將食物調製得美味好吃，更要顧及營養價值層面，這樣才能幫助達成完美的瘦身計劃。

以下為既能控制熱量又能顧全營養的主食，可以每天選一至兩種食用。

三絲拌麵

- **材料：**麵條 100 克，小黃瓜 50 克，綠豆芽 100 克，蔥 10 克，香油 1 克，精鹽、味精各少許。
- **做法：**
  1. 小黃瓜、蔥切絲。
  2. 鍋內放水，煮開後放入綠豆芽煮熟撈出。
  3. 下麵條，煮熟後將麵條投入涼開水過涼，加入香油、精鹽、味精、綠豆芽、小黃瓜絲和蔥絲，拌勻即可。

雞絲麵

- **材料：**麵條 50 克，雞肉絲 10 克，小白菜 100 克，精鹽、味精、香油各少許。
- **做法：**小白菜切段。清水煮麵條，待麵條快煮熟時放入雞絲、小白菜和精鹽、味精，煮熟，滴 2 滴香油。

炸醬麵

- **材料：**麵條 100 克，炸醬 5 克。
- **做法：**麵條煮熟撈出，拌入炸醬。

美味麵疙瘩

- **材料：**麵疙瘩 100 克，蝦 30 克，甜麵醬 1 小匙，胡椒粉、嫩蒜末和料酒、精鹽、味精、香油各少許。
- **做法：**
  1 嫩蒜切細末。
  2 鍋內加適量水煮開後下麵疙瘩，加入蝦、料酒、精鹽、味精、甜麵醬，煮熟，分盛 2 碗，每碗撒上少許蒜末，滴 2 滴香油即可。

牛肉麵

- **材料：**麵條 100 克，牛肉 50 克，小白菜 200 克，醬油、料酒、蔥、花椒、精鹽各少許。
- **做法：**
  1 牛肉切小塊，用醬油、鹽、花椒、料酒浸泡約 1 小時，放入鍋中煮沸後，改小火燉熟。
  2 小白菜切成段，蔥切末。
  3 鍋加水，水開後，先燙小白菜，並撈出瀝乾。
  4 麵熟，撈出盛 2 碗，加蔥花、小白菜、牛肉及牛肉

湯即成。

涼麵

- **材料**：細麵條 100 克，蔥花、蒜泥、醋、精鹽、味精各少許，辣椒油 2 克，芝麻醬 5 克。
- **做法**：鍋內加水，煮沸後下麵條，用筷子撥散，熟時撈起。待麵條稍涼後拌入蔥花、蒜泥、辣椒油、醋、精鹽、芝麻醬和味精，調勻即成。

四川涼麵

- **材料**：麵條 100 克，辣椒油 5 克，小黃瓜 100 克，白糖 2 克，香油 1 克，蔥、蒜、花椒麵、醬油、醋、味精各適量。
- **做法：**
  1 鍋中加水，煮開後下麵條，煮熟即撈出，用筷子將麵條抖散晾涼。
  2 小黃瓜切細絲，蒜剁泥，蔥切末。
  3 醬油、醋、香油、蔥末、蒜泥、辣椒油、白糖、花椒麵和味精放在一個碗內調勻成汁，澆在麵條上，撒上小黃瓜絲即成。

乾拌麵

- **材料**：麵條 200 克，小黃瓜 50 克，水發蝦米 10 克，鹽、醋、

醬油、香油各少許。

- **做法：**
  1　將麵煮熟，冷水過涼，裝碗。
  2　小黃瓜切絲。
  3　醬油、鹽、醋、香油調成汁，淋在麵上，放小黃瓜絲、蝦米拌勻。

素炒麵

- **材料：**麵條200克，油菜、蘑菇各100克，植物油5克，醬油、精鹽、味精各少許。
- **做法：**
  1　麵條蒸熟；油菜、蘑菇切塊。
  2　鍋置火上，注入油燒熱，下入蘑菇、油菜，炒幾下，加醬油，添湯，放味精和精鹽，麵條入鍋，燜透，調勻即可。

三鮮炒麵

- **材料：**麵條 150 克，魷魚 25 克，雞肉 25 克，筍 25 克，蘑菇 50 克，紅蘿蔔絲少許，香油 3 克，精鹽少許。
- **做法：**
  1　麵條蒸熟；魷魚、雞肉、筍、蘑菇均切成絲。
  2　炒勺注入油燒熱，下魷魚、雞肉、筍、蘑菇、紅蘿蔔

絲，加清湯、精鹽，放麵條，改小火，麵條炒熟，調勻即可。

蝦皮疙瘩湯

· **材料**：蝦皮 5 克，麵粉 30 克，小黃瓜 50 克，香油 2 克，精鹽、味精各少許。

· **做法**：麵粉撒少許水，拌勻，倒入沸水中，下小黃瓜片、蝦皮，停火，加精鹽、味精、香油即可。

美味蒸餃

· **材料**：麵粉 100 克，水發冬菇 5 克，熟筍 5 克，蘑菇 15 克，大白菜 150 克，香油 3 克，精鹽、味精各適量。

· **做法**：

1　大白菜煮熟，擠乾水分，切碎；冬菇、熟筍、蘑菇切成米粒狀，與大白菜一同入盤，加味精、香油、精鹽拌勻。

2　麵粉加溫水揉勻，均分成 12 份，包入餡，蒸 6 ～ 7 分鐘即熟。

牛肉水餃

· **材料**：麵粉 100 克，牛肉 50 克，韭菜 150 克，香油 3 克，蔥、薑、醬油、味精各少許。

· **做法**：

1. 肉剁成泥；韭菜切成末，加入香油、醬油、蔥末、薑末、精鹽、味精調好。
2. 麵粉加水調成麵團，放置 30 分鐘，把麵團均分，捏成圓形薄片，包餡成餃子。
3. 鍋中加水，大火煮開，下餃子，煮至餃子鼓起，撈出即可食用。

蒸餃

- **材料：** 麵粉 100 克，豬肉 25 克，白菜 100 克，香油 2 克，花椒粉、蔥末、薑末、醬油、味精各少許。
- **做法：**
  1. 白菜剁碎；肉剁成末，加醬油、花椒粉、味精拌勻，放香油、蔥末、薑末、白菜拌勻成餡。
  2. 麵粉加水和好，揉成麵團，均分捏成薄片，放餡捏成月牙形，放於蒸籠上，用旺火蒸半分鐘即可。

蘑菇水餃

- **材料：** 麵粉 100 克，豬肉 25 克，蘑菇 100 克，蔥、薑、花椒粉、醬油、精鹽、味精各少許。
- **做法：**
  1. 蘑菇剁成蓉；肉剁成蓉，同蘑菇一起放入盆內，加入蔥末、薑末、花椒粉、精鹽、醬油、味精，拌勻成餡。

2 麵粉加水和成麵團，揉勻揉透，搓成長條，均分後擀成薄皮，包入餡，沸水煮熟。

魚肉餛飩

· **材料：**餛飩皮 50 克，魚肉 100 克，蔥、料酒、精鹽各少許，薑粉 1 小匙，香油 2 克。

· **做法：**

1 蔥切成蔥末；魚肉加蔥末剁至極爛，放碗內加入薑粉、料酒、精鹽和香油充分拌勻，即成餛飩餡。

2 每張餛飩皮中包入適量魚肉餡，捲裹成型。

3 餛飩入開水鍋中煮熟後盛碗即食。

雞肉小餛飩

· **材料：**小餛飩皮 50 克，雞胸脯肉 20 克，榨菜 5 克，紫菜 5 克，蝦皮、胡椒粉、蔥花、味精、精鹽各少許。

· **做法：**

1 雞肉剁成泥，加進味精和鹽攪拌，邊攪拌邊淋上 10 克清水，至肉泥成黏性，用皮包餡成凹狀。

2 榨菜切細絲，紫菜撕成片，和蔥花、精鹽、蝦皮等料放入湯碗中，沖進半碗鮮湯。

3 鍋放水，煮沸，倒入小餛飩，浮起，加少許冷水再煮沸，撈起，盛碗，加料、鮮湯。

什錦素菜包

- **材料**：麵粉 100 克，豆腐 25 克，白菜 150 克，水發金針花 10 克，水發香菇 10 克，冬筍 10 克，香油 2 克，精鹽、味精、乾酵母各少許。

- **做法**：
  1. 白菜剁碎，擠水；豆腐、金針花、香菇、冬筍切丁加入白菜，加香油、味精、精鹽，拌勻。
  2. 麵粉加少許乾酵母和成麵團，發好，揉透，均分成 4 份，包入餡，上鍋蒸熟。

薺菜燒賣

- **材料**：麵粉 100 克，豬肉 25 克，薺菜 150 克，河蝦 25 克，香油、蔥、薑、醬油、精鹽、味精、料酒各少許。

- **做法**：
  1. 薺菜入沸水略燙即撈出、切碎。
  2. 蔥、薑剁成末；肉剁成肉蓉，加入精鹽、味精、醬油、料酒、蔥、薑、薺菜、香油拌勻。
  3. 麵粉加水和成麵團，揉勻，均分後擀成薄皮，包入餡，製成燒賣。

菜飯

- **材料**：白米 100 克，小白菜 150 克，熟豬油 2 克，精鹽少許。

- **做法：**

  1　小白菜切段。

  2　炒鍋內加熟豬油，旺火熱鍋，倒入小白菜翻炒，加入精鹽和水，煮開後倒入白米，用鍋鏟輕輕翻動。隨著鍋內水分逐漸少，翻動的速度隨之加快，此時火要小一些。

  3　待米粒脹起時將飯攤平，用竹筷在米飯中插幾個孔眼，燜煮至鍋內蒸氣快速外冒時改用小火燜 15 分鐘即成。

豆渣糕

- **材料：**糯米粉 120 克，四季豆 50 克，豆餡 150 克。

- **做法：**

  1　四季豆煮爛，搗碎。

  2　糯米粉加水調勻。一半鋪於籠屜上，上面攤豆餡，另一半平鋪於豆沙上。

  3　最上層撒上四季豆渣，蒸熟，切塊即可食用。

餡餅

- **材料：**麵粉 100 克，韭菜 150 克，蛋 1 顆，香油 3 克，精鹽、味精各適量。

- **做法：**

  1　溫水和麵，揉軟；韭菜切碎；鍋注油，炒蛋，加精鹽、味精拌入韭菜。

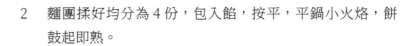

2　麵團揉好均分為 4 份，包入餡，按平，平鍋小火烙，餅鼓起即熟。

韭菜盒子

- **材料：**麵粉 100 克，韭菜 250 克，蛋 1 顆，蝦皮 5 克，香油 1 克，精鹽、味精各少許。
- **做法：**
  1　韭菜切末，打入蛋，加蝦皮、精鹽、味精、香油拌勻。
  2　麵粉加水和成麵團，揉勻，均分為二，將餡平攤在麵皮一側，另一側麵皮上折蓋餡成半圓形，周邊捏嚴，入平底鍋小火烙至麵皮變淡黃色麻點即熟。

可口的瘦身熱菜

熱菜是不是讓你很警惕呢？你相信它也是可以瘦身的佳品嗎？讓我們來看看那些熱菜可以瘦身又暖胃。

蘑菇雞

- **材料：**白嫩童子雞一只（重 300 克），水發蘑菇 100 克，蔥、薑各 8 克，清湯 400 克，玉蘭片、油菜心適量，精鹽、黃酒少許。
- **做法：**

1　將童子雞洗滌乾淨，入開水鍋中燙去血汙；水發蘑菇用手撕成塊後裝在雞腹腔內，蔥、薑拍鬆後裝入雞腹腔內，然後把雞放入湯盆，加清湯、玉蘭片、精鹽、黃酒，湯汁以沒過雞身為限。

2　鍋內加水煮開，用旺火蒸至雞熟時，取出，放入燙過的油菜點綴即成。

· **特點**：美味佳餚，具有溫中潤燥、保肝健美之功效。

炒兔肉丁

· **材料**：兔肉 150 克，冬瓜 200 克，蛋清 10 克，水澱粉 15 克，精鹽、味精、黃酒各適量，蔥、薑各 5 克，植物油 15 克，清湯 30 克。

· **做法**：

1　將兔肉切成 1 公分見方的丁狀，加黃酒、精鹽、味精、蛋清、水澱粉抓均勻；冬瓜去皮、去籽瓤，切成 1 公分見方的丁狀；蔥、薑切末。

2　勺內加清水、精鹽燒開，下入兔肉丁滑熟。炒勺內加植物油，炒到四成熱時，加入蔥、薑末烹鍋，加冬瓜丁翻炒，加黃酒、精鹽、味精和滑熟的兔肉丁炒熟即可。

· **特點**：美味佳餚，具有補中益氣、利水化痰、輕身健美之功效。

第六章　高效減肥食譜 DIY

燙豆腐

· **材料**：嫩豆腐 1,000 克，大蒜 20 克，蔥 20 克，醬油 20 克，
韭花醬 50 克，辣椒醬 20 克，精鹽、香油各適量。

· **做法**：

   1　將豆腐切成 3 公分寬、6 公分長、1 公分厚的塊。

   2　大蒜去皮、洗淨後搗成泥，加醬油、香油調和均勻。

   3　蔥切成細末，加醬油、精鹽、香油調成汁。

   4　鍋內加清水煮開，加入豆腐塊後先用旺火煮開，再改用
小火煮約 5 分鐘，連湯倒入湯盆內；取 4 個小佐料碗，
分別放入大蒜泥汁、蔥調味汁、辣椒醬、韭花醬盛入，
隨熱豆腐上桌即可。

· **特點**：清涼爽口，具有健脾袪溼、益血補虛、清肺健體
之功效。

鹽水雞胗

· **材料**：雞胗 300 克，蔥 10 克，薑 10 克，花椒 10 粒，精鹽、
味精、黃酒、香油、香菜、醋各適量，清湯 200 毫升。

· **做法**：

   1　將雞胗洗淨油脂清除雜質，入郭汆燙後撈出；蔥、薑切
絲，香菜切 2 公分長的段。

   2　鍋內加清湯、精鹽、蔥、薑、花椒、黃酒煮開，加入雞
胗用小火煮半小時，連湯汁一並倒入盆中浸泡，晾涼

湯汁時撈出雞胗，切成細絲放於盤中，加入醋和香油調勻，撒上香菜即成。

· **特點：**味道可口，具有消食化積、化石通淋之功效。

炒素雞絲

· **材料：**溼麵筋 200 克，馬鈴薯 20 克，蔥 10 克，精鹽、味精、黃酒、花椒油各適量，植物油 10 克，清湯 50 克，花椒適量。

· **做法：**

1 將溼麵筋拉成條，上籠蒸熟，切成 3 公分長的段後，用手撕成麵筋絲；馬鈴薯切絲，蔥切絲。

2 炒勺內加植物油，熱至三成熱時，加花椒炸出香味，放入蔥絲、馬鈴薯絲、麵筋絲翻炒，烹入黃酒、高湯，加入精鹽、味精炒至成熟時，淋上花椒油即成。

· **特點：**味道適口，具有健脾消食、利水寬腸之功效。

清蒸香菇草魚

· **材料：**草魚 100 克，水發香菇 10 克，青蔥白、薑少量，精鹽 1 克，米酒、胡椒、醋、醬油、香油各 1 小匙。

· **做法：**

1 魚去頭、鱗及內臟，洗淨後橫切 3 塊，把魚放在盤中。把蔥絲、香菇、薑放在魚上，加醬油、米酒置入冒氣的蒸鍋中蒸 10 分鐘。

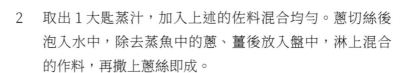

2　取出 1 大匙蒸汁，加入上述的佐料混合均勻。蔥切絲後泡入水中，除去蒸魚中的蔥、薑後放入盤中，淋上混合的作料，再撒上蔥絲即成。

· **特點：**鮮香軟嫩，具有健脾開胃、利水消腫之功效。

清蒸冬瓜

· **材料：**冬瓜 500 克，蔥、薑、精鹽、味精各適量，香油少許，清湯 400 克。

· **做法：**

1　將冬瓜削皮、去籽，切成小滾刀塊；蔥、薑用刀面拍鬆。

2　勺內加清湯、蔥、薑、冬瓜煮開，轉用小火燉至九成熟時，加精鹽、味精，撈出蔥、薑後，淋上香油即成。

· **特點：**鮮美可口，具有清熱化痰、消腫減肥之功效。

香菇雞

· **材料：**母雞 1 隻（重 500 克），水發香菇 50 克，生薑 10 克，黃酒、精鹽各適量，筍片、油菜心少許，清湯 400 克。

· **做法：**

1　將母雞剁成核桃大的塊，入開水鍋汆去血汙，撈出放入湯碗中；香菇用手一撕為二，放入湯碗中；生薑切片與筍片一同放入碗中，加清湯、黃酒、精鹽、油菜入開水鍋汆熟，入涼水中過涼。

2　鍋內水燒開，將湯碗置於蒸籠中，蓋上碗蓋，用旺火蒸 1
　　小時左右，取出放入油菜心即成。

· **特點**：味道鮮美，具有補脾益氣、養顏輕身之功效。

紅燒豬肚

· **材料**：豬肚 200 克，嫩冬瓜 300 克，醬油 10 克，糖 2 克，精
　鹽、味精、水澱粉、蔥椒油各適量，清湯 200 克，蔥、薑、
　大料少許。

· **做法**：

1　將豬肚洗滌乾淨，放入湯鍋中，加蔥、薑、大料煮至成
　　熟，取出切成 3 公分大小的塊；嫩冬瓜洗淨，切成小
　　滾刀塊。

2　炒勺內加植物油，至五成熱時，加冬瓜塊煸炒，加醬
　　油、糖翻炒，烹入高湯，加精鹽、味精、肚片，小火煨
　　燒成熟時用水澱粉勾芡，淋入蔥椒油即成。

· **特點**：味美可口，具有補益脾胃、止渴消積脂之功效。

清蒸鳳尾菇

· **材料**：鮮鳳尾菇 500 克，精鹽、麻油少許，鮮湯適量。

· **做法**：

1　將鳳尾菇洗淨，用手沿菌褶撕開，使菌褶向上，平放在
　　湯盤內。

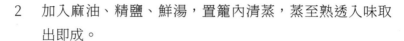

2　加入麻油、精鹽、鮮湯，置籠內清蒸，蒸至熟透入味取出即成。

· **特點**：鮮美爽口，具有補脾益氣、降脂減肥之功效。

魷魚捲

· **材料**：水發魷魚板 200 克，鮮山楂 100 克，植物油 10 克，水澱粉 10 克，蔥、薑各 5 克，油菜心 10 克，精鹽、味精、黃酒各適量。

· **做法**：

1　將魷魚板去其外皮膜，在內側先用刀每 0.2 公分打一刀紋，再轉 60 度用直刀每 0.2 公分打一刀紋，形成交叉的花刀紋，再每 2 公分切成條，入開水鍋氽燙成捲形。

2　山楂去核，切成片，蔥、薑切末，油菜切段，入開水鍋燙過。

3　炒勺中加植物油，至四成熱時，加蔥、薑末烹鍋，加入魷魚捲、山楂片、油菜心翻炒，烹入黃酒、味精、精鹽、少許清湯，攪拌均勻，水澱粉勾芡即成。

· **特點**：美味佳餚，具有消食化積、活血化瘀之功效。

雞湯黃豆芽

· **材料**：黃豆芽 400 克，雞骨湯 300 克，蔥、薑各 10 克，八角 2 粒，精鹽、黃酒各適量。

- **做法：**
  1　將黃豆芽漂洗去皮，蔥、薑用刀面拍鬆。
  2　砂鍋內加入雞湯、蔥、薑、八角、清水煮開，撇去浮沫，加黃豆芽、黃酒、精鹽，先用旺火燒開，再改用小火燉煨 20 分鐘。
- **特點：**滋味鮮美，具有清熱利溼、益血補虛之功效。

水晶冬瓜

- **材料：**冬瓜 500 克，雞骨架 1 副，豬皮 100 克，紅櫻桃 1 顆，精鹽、味精、黃酒、香菜各適量，蔥、薑、花椒少許。
- **做法：**
  1　將冬瓜去皮、去瓤，洗淨後切成小塊，生豬皮刮淨肥肉和雜質，入鍋汆燙一下，切成條狀；蔥、薑用刀面拍鬆。
  2　鍋內加清水、生豬皮、蔥、薑、花椒，先用旺火燒開，再轉用小火煮至豬皮軟糯，撈出切成細末，放入鍋中，雞骨架、冬瓜也放入同煮半小時，撈出雞骨架，加精鹽、味精、黃酒調味，倒入湯碗內，待冷卻後反扣在盤中，加紅櫻桃、香菜葉點綴即可食用了。
- **特點：**美味可口，具有清熱解毒、輕鬆減肥之功效。

瘦肉炒墨魚

- **材料：**豬瘦肉 200 克，墨魚 250 克，茯苓 20 克，植物油、精

鹽、薑、糖、生粉適量。

- **做法：**

  1　茯苓用溫水浸泡；墨魚浸透切塊；瘦肉洗淨切片。

  2　將後兩味分別以少量的植物油、精鹽、薑、糖、生粉調味，茯苓水煎去渣留汁備用。

  3　先起油鍋，將墨魚煸炒後煮至熟透，放入肉片煸炒至熟，入茯苓汁煸炒後收汁即成。

- **特點：**鮮味可口，具有滋補肝腎、寧心安神、消食去脂之功效。

肉末海帶

- **材料：**水發海帶 400 克，雞胸肉 50 克，蔥、薑各 5 克，植物油 10 克，甜麵醬 5 克，精鹽、味精、黃酒、清湯各適量，花椒少許。

- **做法：**

  1　將海帶沖洗乾淨後，放入水鍋中，加蔥、薑、黃酒、花椒，蓋上鍋蓋用小火煮至熟爛，撈出瀝淨水，切成細絲；雞胸肉切成末狀；蔥、薑切成末待用。

  2　炒勺內加植物油，至四成熱時下入蔥末、薑末、雞胸肉末略炒，再加入甜麵醬翻炒，加入海帶絲、鹽、黃酒、清湯炒熟，加入味精顛翻均勻即成。

- **特點：**美味佳餚，具有清熱利水、去脂降壓之功效。

番茄牛肉片

· **材料**：鮮番茄 300 克，嫩牛肉 100 克，蔥、薑各 5 克，植物油 10 克，水澱粉 5 克，蛋清 5 克，精鹽、味精、黃酒各適量。

· **做法**：

　1　將牛肉切成薄片，加黃酒、精鹽抓均勻，再加蛋清、水澱粉抓均勻。

　2　鮮番茄洗淨，切成小塊；蔥、薑切末。

　3　炒勺內加植物油，燒至五成熱時加蔥、薑末炒出香味，倒入牛肉翻炒，加入黃酒、清湯稍煨，加番茄塊、精鹽炒熟即成。

· **特點**：味道鮮美，具有健胃消食、利尿消腫之功效。

乾燒玉蘭片

· **材料**：水發玉蘭片 400 克，榨菜 20 克，香菜 5 克，清湯 200 毫升，植物油、味精、醬油各適量，蔥、薑少許。

· **做法**：

　1　將玉蘭片切好後放入沸水鍋中燙過，撈出放入清涼水中浸泡；榨菜切成似小象眼片，香菜切段，蔥、薑切末。

　2　勺內加植物油，至五成熱時，加蔥、薑末炒出香味，加玉蘭片稍炒幾下，加醬油、清湯、榨菜用小火煮到透，加上味精，盛入盤內即成。

· **特點**：味道鮮美，具有清肺化熱、消解滑膩之功效。

清燴三鮮

· **材料：** 水發玉蘭片 100 克，水發海參 100 克，鮮河蝦 50 克，油菜心 30 克，大蔥 10 克，醬油 5 克，黃酒 5 克，水澱粉 15 克，精鹽、味精、香油各適量，清湯 200 毫升。

· **做法：**

　1　玉蘭片切成小片後入開水中汆燙；海參片切成抹刀薄片，入開水鍋中燙過，再入涼水中過涼；大蔥切片、河蝦剝皮備用。

　2　勺內加植物油，至五成熱時，下入蔥片燴鍋，加清湯、精鹽、黃酒燒開，再加入玉蘭片、海參稍煨，把掛上漿粉的蝦仁分散下入鍋中滑熟，加油菜心、醬油、味精，淋上香油即成。

· **特點：** 味道鮮美，具有健胃消食、補腎壯陽之功效。

五香素雞翅

· **材料：** 溼麵筋 300 克，雞腿骨 10 個，植物油 300 毫升，醬油、蔥、薑、八角、桂皮、花椒、丁香、甘草、精鹽各適量，香油少許。

· **做法：**

　1　將溼麵筋拉成長條，在雞翅骨上均勻纏繞，形成雞腿，上籠蒸熟；蔥、薑用刀面拍鬆待用。

　2　勺內加植物油，至七成熱時，將抹上醬油的素雞腿逐個

油炸上色。

3　另取湯鍋，加醬油，將八角、桂皮、花椒、丁香、甘草
等調味品用紗布包起來，放入湯鍋，再將蔥、薑、鹽放
入，燒開，轉小火燒幾分鐘，加入炸好的素雞腿，用小
火煨至 8 成熟即成。

· **特點**：美味可口，具有健胃益氣、輕身益智之功效。

山藥燉兔肉

· **材料**：兔肉 200 克，山藥 200 克，蔥、薑各 5 克，黃酒 5
克，精鹽 3 克，味精、八角各適量，清湯 200 毫升，植物油
10 毫升。

· **做法**：

1　山藥去皮，洗淨雜質，切成塊；兔肉切成小塊；蔥、
薑切片。

2　鍋內加水煮開，加精鹽、黃酒，把兔肉燙去血汙，撈出
瀝乾水分。

3　炒勺內加植物油，至五成熱時加蔥、薑、八角爆香，加
入高湯、山藥、兔肉同燉，加黃酒、精鹽用小火燉至熟
爛即可。

· **特點**：美味可口，具有補中益氣、輕身健美之功效。

煎烹絲瓜盒

- **材料**：鮮絲瓜 200 克，馬鈴薯 100 克，麵粉 50 克，清湯 50 克，蔥、薑各 5 克，黃酒 5 克，米醋 5 克，醬油 2 克，精鹽、味精各適量。

- **做法：**

  1　將絲瓜刮去皮筋，洗淨，斜切成夾刀片；鮮馬鈴薯洗淨後放入水鍋中煮熟，撈出後去皮，搗成馬鈴薯泥，加入切製的蔥末、薑末和黃酒、精鹽、味精調好味，逐個放入夾刀片的絲瓜中；碗內加適量水、麵粉調成麵糊備用。

  2　將油遍布勺底，至四成熱時下入掛上麵糊的絲瓜夾煎製，待其挺身發硬色微黃時逐個鏟翻，再煎另一面，待兩面均成黃色時烹入黃酒、醋和高湯，加醬油、精鹽稍煨，即可出勺裝盤。

- **特點**：美味可口，具有清熱解毒、寬腸養顏之功效。

冰糖銀耳花

- **材料**：水發白木耳 150 克，冰糖 30 克，油菜 12 克，紅蘿蔔 50 克，白砂糖 10 克。

- **做法：**

  1　將水發白木耳撕成小朵，放在碗內，加白砂糖腌漬；油菜剝去老葉，削尖菜根，用刀劈在菜根上成十字交叉口。

  2　紅蘿蔔洗淨，切成細絲，放入沸水中燙過，撈出，擠淨

水後，把紅蘿蔔絲夾在油菜根部的切口處，擺入盤內。

3　　白木耳放入擺油菜的盤中，冰糖拍成細屑，撒在白木耳上即成。

· **特點**：甘平爽口，具有利尿消腫、清腸降壓之功效。

冬瓜清燉鵪鶉

· **材料**：鵪鶉400克，冬瓜200克，蔥、薑各10克，花椒10粒，精鹽、味精、黃酒各適量，高湯400克，米醋少許。

· **做法**：

1　　將備好的鵪鶉剁去爪尖、嘴尖，從脊骨處一剖為二，入開水鍋燙去血汙；冬瓜切成核桃大小的塊，蔥、薑用刀面拍鬆。

2　　勺內加高湯、精鹽、黃酒、蔥塊、薑塊、花椒、鵪鶉，先用旺火燒開然後改用小火，保持湯鍋微沸，燉製五成熟時，加冬瓜塊、米醋同煮至熟爛，加入味精，揀出蔥、薑、花椒即成。

· **特點**：清涼可口，具有清熱消腫、補中益氣之功效。

清炒紅蘿蔔

· **材料**：紅蘿蔔400克，蔥10克，薑5克，花椒5粒，香菜梗5克，精鹽、味精、黃酒、植物油各適量。

· **做法**：

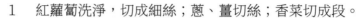

1　紅蘿蔔洗淨，切成細絲；蔥、薑切絲；香菜切成段。

2　炒勺內加植物油，至四成熱時加花椒炸出香味，加入蔥絲、薑絲、紅蘿蔔絲翻炒，加入黃酒、精鹽、味精炒至斷生時，加入香菜梗翻炒即可。

· **特點**：清涼可口，具有補脾消食、減肥健美之功效。

蘑菇鯽魚

· **材料**：鮮鯽魚 300 克，鮮蘑菇 100 克，筍片 5 克，蔥、薑各 5 克，清湯 200 克，植物油 10 克，大蒜片 5 克，油菜心 10 克，精鹽適量。

· **做法**：

1　將鯽魚去鱗、腮、內臟，洗淨血汙，入開水鍋中燙過；鮮蘑菇洗去其雜質，用手撕成大片；蔥、薑切末；油菜洗淨。

2　炒勺內加植物油，至五成熱時加蔥、薑末烹出香味，加入清湯、鯽魚和蘑菇同燉，加精鹽、筍片，燉至魚肉熟時加油菜、大蒜片，盛入湯盆中即可。

· **特點**：口味鮮美，具有補脾開胃、潤燥化痰之功效。

奶湯春筍

· **材料**：春筍嫩芽 200 克，水發蘑菇 20 克，紅蘿蔔 20 克，大蔥 10 克，奶湯 300 克，黃酒 5 克，精鹽 3 克，味精 2 克，香

油適量。

· **做法：**

1　將蘑菇切成片，紅蘿蔔切成薄片，春筍切成長方薄片，
先用開水燙過，撈出放於清水中浸泡；蔥切片。

2　炒勻內加奶湯、大蔥片、蘑菇、紅蘿蔔片、春筍片煮
開，加精鹽、黃酒煮開，打去浮沫，加入味精，淋上香
油，盛入湯碗中即成。

· **特點：**味道鮮美，具有清肺利水、減肥健體之功效。

美味清潤減肥湯

消脂瘦身番茄蘆筍紫菜湯

· **功效：**降壓消脂、健胃消食、健體瘦身。

· **材料：**紫菜 6 片，扁尖筍 80 克，蘆筍 240 克，番茄 2 顆，味
粉、鹽、醬油、麻油、上湯各適量。

· **做法：**

1　鮮筍、番茄洗淨切好。

2　扁尖筍發好、洗淨、撕開，再切長段。

3　紫菜撕成大塊狀。

4　起炒鍋，放 5 碗上湯，扁尖筍、番茄、鮮筍，加調味料，
煮 5 分鐘，再放入紫菜，淋上麻油即可上桌。

山斑魚豆腐瘦肉湯

· **功效**：滋陰潤燥、輕身強智、消除脂肪。
· **材料**：山斑魚（剖淨）約 400 克，瘦肉（切片）160 克，豆腐（切塊）1 塊，薑 2 片，鹽、胡椒粉適量。
· **做法**：
  1　山斑魚煎至兩面黃備用。
  2　待水煲沸，放入各作料煲 1 ～ 2 小時，撇去浮沫，以鹽、胡椒粉調味即成。

田雞冬菇草菇蘑菇湯

· **功效**：利水消腫、益氣延年、消脂降壓。
· **材料**：田雞 640 克，冬菇 20 克，草菇 160 克，蘑菇 80 克，薑、鹽、淡醬油各適量。
· **做法**：
  1　田雞洗淨，冬菇浸軟去腳，草菇切去泥頭洗淨，蘑菇沖淨。
  2　水煲開後，將田雞、冬菇、草菇、薑片加入煲 20 分鐘，加蘑菇再煲 10 分鐘，下鹽、淡醬油調味即可。

素蝦仁冬瓜盅

· **功效**：補益五臟、分解脂肪、清腸降壓。

- 材料：冬瓜盅 1 個，竹笙 8 克，白果 120 克，冬菇 2 朵，扁尖筍 40 克，白蘿蔔 1 個，素蝦仁（豆製品）80 克，鮮筍 1 支，味精、鹽、麻油、上湯各適量。
- 做法：
  1. 鮮筍、白蘿蔔去皮洗淨，切小丁塊；竹笙發好切小段；冬菇泡好去蒂，洗淨切小丁塊；扁尖發好洗淨切小丁塊。
  2. 冬瓜兩頭切平，外皮雕花備用。
  3. 白果、素蝦仁洗淨與上列材料一起，全部放進盅裡，加調味料，上湯 8 碗，上籠蒸 20 分鐘拿出，淋上麻油即可上桌。

黃豆醬黃魚豆腐湯

- 功效：健脾開胃、清熱潤燥、減肥瘦身。
- 材料：黃魚 1 條，豆腐 2 塊，油炸粉、酒各 1 湯匙，花生油 3 匙，黃豆醬 3 茶匙，薑汁 1 茶匙，蔥 2 根。
- 做法：
  1. 將魚剖開，除內臟，洗淨；魚背劃幾條縫，再放入鹽、酒和薑汁液泡 2 小時，然後沖水，瀝乾。
  2. 油炸粉加水調成糊，將魚黏糊，用熱油炸至金黃色。
  3. 黃豆醬加 2 碗水調勻放熱油鍋內，加入切成小塊的豆腐和炸魚；先用猛火煮開，小火燜 2 分鐘，再加調味料，加蔥花便可飲用。

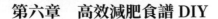

無花果雪梨雪耳瘦肉湯

- **功效**：清潤消滯、降壓通便、有利減肥。
- **材料**：雪梨（去心，切塊）1 顆，白木耳（浸透，撕開）幾朵，無花果（切片）2 顆，瘦肉 160 克，鹽適量。
- **做法**：將豬肉塊出水過冷後，與雪梨、白木耳、無花果加開水煲 1～2 小時，以鹽調味即可。

火腿蓮子銀耳雞湯

- **功效**：養血生津、益氣耐饑、減肥輕身。
- **材料**：雞 1 隻，火腿 20 克，淮山 20 克，蓮子 40 克，白木耳 20 克，蜜棗 4 枚，鹽適量。
- **做法**：
  1　蓮子用清水浸 1 小時，去心；淮山、蜜棗洗淨；白木耳用清水浸 1 小時，撕成小洗淨；雞切去腳，洗淨，放入開水中煮 10 分鐘，取出洗淨，如怕肥，將水面浮起之油脂撇去及把部分雞皮撕去。
  2　蓮子、白木耳放入開水中煮 5 分鐘，取起洗淨。
  3　水適量放入煲內煲開，放入雞、火腿、淮山、蓮子、白木耳、蜜棗煲開，慢火煲 3 小時，下鹽調味即成。

鮮草菇絲瓜魚片湯

- 功效：滋潤肌膚、降壓減肥、益腸明目。
- 材料：草魚肉、絲瓜各 160 克，鮮草菇 120 克，板豆腐 1 塊，薑、蔥、香菜、麻油、胡椒粉、醬油、鹽各適量。
- 做法：
  1 絲瓜去皮洗淨，開邊去瓤，切如筷子頭大粒；板豆腐洗淨切粒；鮮草菇洗淨切開邊。
  2 薑 1 片、蔥 1 根入鍋，加入 2 杯水煮開，放下板豆腐煮 3 分鐘撈起，然後放下鮮草菇煮 5 分鐘撈起浸冷，取出抹乾；草魚肉洗淨抹乾，帶皮切片，用麻油、胡椒粉、鹽和醬油腌 5 分鐘，一片片排在碟上。
  3 燒熱煲，下油 1 湯匙，爆香薑，放水適量煲開，放下豆腐、鮮草菇、絲瓜煮開片刻，熟後下鹽調味，放下魚片之後立即熄火，倒入湯碗內，放入香菜即成。

冬菇豆干絲瓜山斑魚湯

- 功效：滋潤肌膚、降壓輕身、滋陰潤燥。
- 材料：山斑魚、絲瓜各 320 克，板豆腐 2 塊，瘦肉 120 克，薑 1 片，冬菇 3 朵，淡醬油、太白粉、醬油、鹽各適量。
- 做法：
  1 冬菇浸軟，剪去腳，擠乾水分，大隻的開邊；絲瓜去皮，洗淨，切開四邊去瓤，切約 1 寸長。

2　板豆腐洗淨，水煮 3 分鐘，撈起滴乾；瘦肉洗淨，抹乾切片，用淡醬油、太白粉和醬油腌 10 分鐘；買魚時請賣者代為處理，洗淨抹乾，加鹽腌 15 分鐘。

3　熱鍋，下油 1 湯匙，放下薑及魚，煎至兩面微黃色，放醬油 1 茶匙，加水適量，放下豆腐、冬菇，大火煮開 5 分鐘，慢火再煮 10 分鐘，放下絲瓜及肉片煮熟，即可下鹽調味，除去湯面之油即成。

醒胃雜菜湯

· **功效**：清腸開胃、消脂養顏、減肥適用。

· **材料**：冷凍雜菜 1 杯（包括粟米、青豆、甘筍粒），五香豆干 2 塊切粒，甜椒 1 顆切粒，菜脯 80 克，薑 3 片切碎，素上湯適量。

· **做法**：

1　雜菜放入開水中煮 5 分鐘撈起，然後用清水浸冷，盛疏孔器內滴乾水。

2　五香豆干放入開水中，加入少許鹽，煮約 3 分鐘，然後撈起滴乾水。

3　菜脯洗淨，切粒。

4　全部材料爆香與甜椒同放入素上湯中，一滾即成。

冬菇木耳雞腳排骨湯

- 　**功效**：輕身強智、消脂降壓、通便減肥。
- 　**材料**：冬菇 40 克，木耳 40 克，雞腳 5 隻，排骨 480 克，薑、鹽各適量。
- 　**做法**：
  1　冬菇浸軟，約 1 小時，剪去冬菇腳，洗淨擠乾；木耳浸至發大，約 1 小時，洗淨，將大朵的撕成小朵；把水燒開，放下木耳煮 5 分鐘，撈起用清水沖洗；雞腳加鹽搓擦片刻洗淨，放入開水中煮 5 分鐘撈起洗淨；排骨入開水中煮 5 分鐘，撈起洗淨；薑去皮，洗淨。
  2　把水放入煲內煲開，放入木耳、薑、雞腳、排骨煲開，慢火煲 2 小時 45 分鐘，放下冬菇煲 20 分鐘，放下鹽調味即可。

青菜蘑菇芙蓉蛋湯

- 　**功效**：潤腸通便、健體瘦身。
- 　**材料**：水發蘑菇 120 克，蛋 5 顆，清湯、水發木耳、菜心、鹽、味精、料酒、胡椒粉、蔥薑汁各適量。
  　做法：
  1　將蘑菇洗淨去蒂，斜切成片；水發木耳撕成小朵；菜心切段。
  2　將蘑菇、木耳、菜心放入沸水中略燙撈出，放入冷水

中過涼。

3　取一大湯碗，加入蛋，用筷子攪散，再加入清湯、鹽、味精攪勻，上籠用小火蒸至定型後取出。

4　將清湯放入鍋內，用旺火燒沸，加入鹽、味精、料酒、胡椒粉、蔥薑汁、蘑菇、木耳、菜心，至湯再沸後撇去浮沫，起鍋慢慢倒入盛蛋的大湯碗中即可。

銀耳椰子豬腱瘦鴿湯

· **功效**：益腸明目、輕身耐饑、降壓通便。

· **材料**：瘦鴿 2 隻，豬腱 240 克，椰子肉 1 顆，白木耳 20 克，枸杞子、薑、鹽各適量。

· **做法**：

1　瘦鴿切去腳，洗淨；白木耳浸至發大，洗淨，放入開水中煮 5 分鐘，過冷水，滴乾；椰子肉洗淨，黑色外皮可留；枸杞子洗淨；把水燒開，瘦鴿、豬腱放入開水中煮 5 分鐘，取出洗淨。

2　把水放入煲內煮開，下瘦鴿、豬腱、椰子肉、白木耳、枸杞子、薑煲開，慢火再煲 3 個半小時，下鹽調味即可。

去脂苦瓜湯

· **功效**：健胃消滯、清熱解毒、去脂減肥。

· **材料**：苦瓜 480 克，薑 3 片，豆豉 1 湯匙。

· **製作：**

1　苦瓜洗淨，切開邊去瓤，每個切開二邊再切片。

2　苦瓜及薑與豆豉洗淨放入煲內，加適量水，先用明火煲開，再改慢火煲至苦瓜熟透，加入調味即可。

珍珠筍番茄蘑菇湯

· **功效**：抗壞血酸、清腸消積、減肥輕身。

· **材料**：鮮蘑菇 320 克，珍珠筍、青豆角各 160 克，番茄 2 顆，蔥 2 根，薑 1 片，糖、鹽、麻油、胡椒粉各適量。

· **做法：**

1　蔥洗淨，切段；薑去皮切片；珍珠筍洗淨，每支切開 3 節；青豆角撕去筋，洗淨，切短；蘑菇洗淨，大朵的切開邊；番茄洗淨，去核切塊。

2　燒熱鍋，下油爆透珍珠筍，下青豆角炒數下。再將蘑菇爆一爆，加水煮開，放入所有材料同煮，調好味即可。

黃芽白煲鴨骨湯

· **功效**：健脾和胃、去脂減肥。

· **材料**：鴨骨架 1 副，黃芽白 1 棵，蔥花、鹽、味精、料酒各適量。

· **做法：**

1　黃芽白洗淨後，切成塊，瀝乾水分；將鴨骨架剔除鴨膽 2

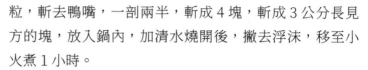

粒，斬去鴨嘴，一剖兩半，斬成 4 塊，斬成 3 公分長見方的塊，放入鍋內，加清水燒開後，撇去浮沫，移至小火煮 1 小時。

2　熱鍋，放入油、蔥花、黃芽白塊炒一下，加入料酒，將鴨骨塊撈出放入炒鍋內，鴨骨湯經過濾後倒入炒鍋，繼續煮開後，轉小火煮 2 小時，加鹽、味精即可。

薑蔥綠豆冬瓜湯

- · **功效**：行氣消滯、通利腸胃、減肥輕身。
- · **材料**：冬瓜 960 克，綠豆 280 克，鮮湯 400 克，生薑、蔥花、鹽各適量。
- · **做法**：

1　鋁鍋洗淨置旺火上，倒入鮮湯燒沸，撈淨浮沫；薑洗淨拍破放入鍋內，蔥去根洗淨打成結入鍋，綠豆淘洗乾淨，去掉浮於水面的豆皮，然後入湯鍋。

2　將冬瓜去皮、去瓤、洗淨，切塊投入湯鍋內，加少許鹽，煮熟即可食用。

減肥消脂處方

處方 1

- **材料**：黑白牽牛子各 5 克，草決明 10 克，澤瀉 10 克，白術 10 克，山楂 20 克，何首烏 20 克。
- **做法**：將上述藥浸於水中，水浸過藥面約 2 公分，1 小時後火煎至沸，約 20 分鐘，倒出藥汁；加開水 1 小杯，煎沸 15 分鐘，再倒出藥汁，將兩次藥汁混合，貯瓶備用。
- **服法**：每劑分 2 次空腹服，連服 10 劑。
- **功效**：泄水培元、去滯化痰、降脂減肥。
- **注意**：本方可引起腹瀉，若瀉下次數較多者，應減量或停服。

處方 2

- **材料**：雞肉 500 克，白蘿蔔 600 克，枸杞子 15 克，味精 2 克，精鹽、鮮湯適量，胡椒粉 0.5 克，紹酒 6 毫升，薑 10 克，蔥 2 根，陳皮 9 克，鹽 4 克，熟豬油 50 克，溼澱粉 5 克，花椒 15 粒。
- **做法**：
  1 將雞肉洗淨，切成粗條；白蘿蔔洗淨切條；枸杞子、薑、蔥洗淨。
  2 炒鍋置中火上，放豬油至六成熱，放入雞肉煸炒變色，

加入鮮湯煮開，撇去浮沫，加紹酒、花椒、陳皮、薑、蔥至七成熟時，再加入白蘿蔔、胡椒粉，煮開後，加枸杞子、精鹽、味精調味，勾薄芡汁即成。

- 服法：佐餐食。
- 功效：補中益氣、化痰利氣、消積減肥。

處方 3

- 材料：薏仁 40 克，鴨肉、冬瓜各 800 克，豬瘦肉 100 克，生薑 15 克，蔥 10 克，料酒 30 毫升，精鹽 3 克，胡椒粉 1 克，植物油 50 毫升，肉湯 1,500 毫升。
- 做法：
  1　將鴨肉洗淨入沸水中除去血水，切長方塊；豬肉洗淨，切長方塊；冬瓜去皮洗淨切長方塊；薑洗淨拍破；蔥洗淨切長段；薏仁洗淨備用。
  2　鍋置火上加植物油至六成熱，下薑、蔥煸出香味，注入肉湯、料酒，下薏仁、鴨肉、豬肉、精鹽、胡椒粉煮至肉七成熟時，下冬瓜至熟。
- 服法：佐餐食。
- 功效：益陰清熱、健脾消腫。體胖者常食可減肥。

處方 4

- 材料：豆腐 500 克，豌豆苗尖 500 克。

- **做法**：將水煮沸後，把豆腐切成塊下鍋（亦可先用菜油煎豆腐面至黃，再加水煮沸）；然後下豌豆苗尖，燙熟即起鍋，切勿久煮。
- **服法**：佐餐服食。
- **功效**：補氣、通便、減肥。適用於氣虛便祕的肥胖症者。

處方 5

- **材料**：蘆筍 250 克，冬瓜 300 克，蔥末、薑絲、鹽、味精、溼澱粉各適量。
- **做法**：將罐頭蘆筍放在盤內；冬瓜削皮洗淨切長條塊，入沸水中燙透，涼水浸泡後瀝水，冬瓜與蘆筍、鹽、蔥、薑一起煨燒 30 分鐘，放入味精，溼澱粉勾芡即可。
- **服法**：佐餐食。
- **功效**：清熱利水、滋補健身、減肥。

處方 6

- **材料**：山楂乾 50 克，嫩小黃瓜 5 根，蜂蜜、白糖各適量。
- **做法**：山楂乾洗淨用紗布包好，加清水 200 毫升熬取濃汁 80 毫升；小黃瓜削去兩頭，洗淨切條，開水燙一下；山楂液與白糖熬化，加蜂蜜汁，倒入小黃瓜條拌勻。
- **服法**：可單食或佐餐。

- **功效：**常食利水、減肥，適用於肥胖症者。

處方 7

- **材料：**香蕉 500 克，西瓜皮 500 克，玉米鬚 50 克，山楂 25 克，白糖 50 克。
- **做法：**香蕉去皮，切厚片放碗中，上籠蒸 30 分鐘；西瓜皮洗淨切小塊，同玉米鬚、山楂煎煮 20 分鐘，取汁 100 毫升，再煮一次，兩次共收取汁 200 毫升，用紗布過濾，倒入鍋中，加白糖 50 克收汁，澆入香蕉碗中。
- **服法：**做果品或點心食用。
- **功效：**解暑消脂、利尿減肥。適用於肥胖症者。

處方 8

- **材料：**黃耆 500 克，人參、茯苓、甘草、山茱萸、雲母粉各 3 克，生薑汁 1,500 毫升。
- **做法：**將黃耆剁碎，與生薑汁同煎，以薑汁完全浸入黃耆中為度；然後將黃耆焙乾，與其他藥物一起研為細末，混合均勻。
- **服法：**每服 3 克，每日 3 次，溫開水送下。
- **功效：**此方具有較好的減肥功效。

處方 9

- **材料：**芡實 500 克，乾藕 500 克，鮮嫩金銀花莖葉 500 克。
- **做法：**將上述 3 味藥在鍋內蒸熟，晒乾，研為粉備用。
- **服法：**每日 3 次，每次飯前服 10 ～ 15 克，用開水調成糊服。
- **功效：**健脾養胃、減肥美容。

處方 10

- **材料：**赤小豆 100 克，茯苓 30 克，小米 50 克。
- **做法：**將茯苓揀去雜質，研為細末；赤小豆洗淨後浸泡 10 小時以上；再將這 3 種原料加水適量，共煮成粥。
- **服法：**每日清晨空腹服。
- **功效：**健脾益胃、消腫解毒，適用於肥胖者，或用於減肥健美。

處方 11

- **材料：**菊花、山楂、金銀花各 10 克。
- **做法：**先將山楂切成碎片，再把此 3 種材料加入杯中，用沸水沖泡即成。
- **服法：**每日 1 劑，代茶飲用。
- **功效：**此茶有減肥輕身、清涼降壓、消脂化淤的功效。

處方 12

- · **材料：**冬瓜 150 克，薏仁 50 克。
- · **做法：**將冬瓜切成小塊，與薏仁加水共煮，至熟為度。
- · **服法：**每日 1 次，頓食。
- · **功效：**健脾利溼、消脂減肥。適用於肥胖症患者和減肥健美者食用。

處方 13

- · **材料：**薏仁 50 克，冬瓜籽 100 克，赤小豆 20 克，荷葉 10 克，烏龍茶適量。
- · **做法：**將薏仁、冬瓜籽、赤小豆煮熟，放入用紗布包好的荷葉、烏龍茶，再煎煮 7 ～ 8 分鐘，取出紗布袋即可。
- · **服法：**每日 1 次，可常食之。
- · **功效：**健脾利溼、潤膚美顏。適用於治療肥胖症。

處方 14

　　材料：海帶 2 克，酸梅 1 顆。
- · **製成：**先將海帶、酸梅洗淨；把海帶放入杯中，加開水浸泡，再放酸梅，待酸梅泡開時即可飲用。
- · **服法：**每日 1 次，當作飲料飲用。
- · **功效：**去溼行水、下氣化痰、消除體內不必要的水分來預防肥

胖和減肥。

處方 15

- **材料：**白茯苓 15 克，粳米 100 克。
- **做法：**將白茯苓磨成細粉，同淘淨的粳米一同入鍋煮粥，至米爛汁黏稠為度。
- **服法：**每日 1 ～ 2 次，可作早晚餐用。
- **功效：**此方重在利用白茯苓既健脾又利水去溼的功效，達到既減肥又不傷正氣的目的。

處方 16

- **材料：**赤小豆適量，粳米 100 克。
- **做法：**先將赤小豆浸泡半天，淘淨，與淘淨的粳米一起入鍋煮粥，至米、豆俱爛熟時止。
- **服法：**每日 2 次，早晚餐服用。常服有效。
- **功效：**此膳有健脾益胃、利水消腫、減肥的功效。

處方 17

- **材料：**陳葫蘆瓢 15 克，茶葉 3 克。
- **做法：**先將陳葫蘆瓢碾成碎末，混同茶葉入杯中，沸水沖泡，加蓋燜 5 ～ 10 分鐘即可。

- **服法**：每日 1 劑，代茶飲用。
- **功效**：具有降脂利水、減肥、消食化積的功效。適宜於肥胖、高血脂患者飲用。

處方 18

- **材料**：玫瑰花、茉莉花、玳玳花、川芎、荷葉各適量。
- **做法**：將以上各材料放在一起，均勻地分成若干包；沸水沖泡即可。
- **服法**：每日 1 包，代茶飲用。

　　功效：此茶有消脂減肥、理氣解郁、和血散淤的功效，適用於單純性肥胖和高血脂病患者飲用。

處方 19

- **材料**：紫蘇葉、石菖蒲、澤瀉、山楂各等份，好茶葉適量。
- **做法**：先將山楂、澤瀉切成細絲，紫蘇葉、石菖蒲搗碎，加入茶葉備用；每次取 20 克，入杯，沸水沖泡，加蓋稍燜即可。
- **服法**：每日 1 劑，代茶飲用。常服有效。
- **功效**：此茶具有消脂減肥、消食化積、行氣寬中、降壓、延年益壽的功效。

燕麥營養減肥食譜

　　有沒有想過，在減肥期間可以享受到香氣四溢的燕麥？要做好吃又健康的燕麥減肥餐，真的一點也不難。一起來嘗試一下幾分鐘就能完成的燕麥健康減肥餐吧！

第一招：冬海皇粥 —— 傳統風味，吃出新滋味

- 材料（1人份）：燕麥片25克，新鮮蝦仁35克，冬瓜蓉（去皮）140克，海參35克，生薑4克，蔥4克，沙拉油1小匙，水350克（1杯），鹽少許，胡椒少許，芝麻油少許。

- 做法：

　1　烹調前一天先將冬瓜去皮、瓤，切成瓜蓉；蝦仁、海參洗淨，海參切丁；生薑去皮切絲，蔥去根切花，放入冰箱冷藏。

　2　在鍋內加入水及桂格燕麥片，大火煮開後，轉用中火熬煮。

　3　在燕麥粥中放入隔夜備好的食材，用勺子輕輕攪拌均勻，煮約5分鐘，使粥呈糊狀，加入調味料及蔥花、芝麻油即可。

第二招：銀耳橘瓣粥 —— 低卡甜品，滋補一夏

- 材料（1人份）：燕麥片25克，水發白木耳35克，糖水橘瓣

60克，水350克，白糖25克。

- **做法：**

  1　烹調前一天將白木耳用清水煮熟。

  2　在鍋中加入水、燕麥片、熟白木耳和白糖，大火煮開後，轉用中火熬煮。

  3　熬3分鐘左右粥即呈糊狀，最後再放入糖水橘瓣稍煮約半分鐘即可。

四則豆腐減肥食譜

豆腐是高營養、高礦物質、低脂肪的減肥食品，豐富的蛋白質有利於增強體質和增加飽腹感，適合單純性肥胖者食用。

豆腐製品如：豆干、油豆腐、豆腐皮中的蛋白質含量更高於豆腐，且都是減肥最佳食品。以下介紹幾種豆腐及其製品的吃法。

金銀豆腐

- **原料：**豆腐150克，油豆腐100克，草菇（罐頭裝）20個，蔥2根，水100克，湯料（粉狀）15克，醬油15克，砂糖4克，蔥油4克，澱粉少許調成漿狀。

- **製法：**豆腐與油豆腐均切為2公分見方的小塊。鍋中加水，待沸後加入湯料、豆腐、草菇、醬油、砂糖等，共煮10分鐘左

右，加澱粉漿勾芡盛入碗中，周圍倒入蔥油，表面撒上蔥段。

核桃豆腐丸

- **原料：** 豆腐 250 克，蛋 2 顆，麵粉 50 克，沙拉油 500 克，高湯 500 克，鹽、澱粉、胡椒粉、味精、核桃仁各適量。
- **製法：** 將豆腐用勺子擠碎，打入蛋，加鹽、澱粉、豆粉、胡椒粉、味精拌勻，做 20 個丸子，每個丸子中間夾一個核桃仁。沙拉油上旺火煮至五六成熱，再下丸子炸熟即成。

琵琶豆腐

- **原料：** 南豆腐150克，瘦豬肉末100克，蛋2顆，澱粉、鹽水、料酒、胡椒粉、味精、蔥、薑各適量，火腿絲、水發冬菇絲少許，紅葡萄酒 100 克，高湯 500 克。
- **製法：** 將豆腐在沸水中燙過後搗成泥，與肉末、蛋汁、澱粉、鹽水、料酒、胡椒粉、味精攪打至黏稠，放入蔥、薑、水攪勻，再放入少許香油拌勻，用 10 個羹匙，每個抹少許油分別盛入豆腐糊，上放火腿絲、冬菇絲，上鍋蒸透，取出後去羹匙，將製好的豆腐丸擺在盤中。高湯燒沸，放入紅葡萄酒，再沸時澆在琵琶豆腐上即成。

雪菜豆腐湯

- **原料：** 豆腐 200 克，雪裡紅 100 克，精鹽、蔥花、味精適量，

沙拉油 50 克。

· **製法：**豆腐下沸水中稍燙過後切為 1 公分見方的小丁，雪裡紅洗淨切丁。旺火熱鍋，放入蔥花煸炒，炒至出香味後放適量水，待水沸後放入雪裡紅、豆腐丁，改小火燉一刻鐘，加入精鹽、味精即可食之。

第七章

水果減肥真簡單

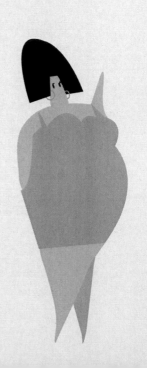

水果瘦身風雲榜

說起如何選擇減肥水果，相信大家都是有某種共識的。有些水果是瘦身食譜中的常客，是可以多多益善的良伴，有些則是因為熱量及營養素的關係，吃了對我們沒有太多好處，所以我們在選擇瘦身水果時，必須聰明一點。

現在我們列出一張能讓你一目了然的風雲榜來，來看看到底誰是水果界中的瘦身公主，當然還會告訴你，「她」掀起瘦身風雲的原因，愛美的你邊吃邊讀，會越瘦越美麗！

風雲 1　蘋果 120 克／ 60 大卡

早在好幾年前，就有人為蘋果量身定做出一套瘦身菜單來，還曾經引起一陣蘋果減肥法的熱潮。事實上蘋果的確是瘦身的風雲水果，它有豐富的果膠，可以幫助與毒素結合，加速排毒功效並降低熱量吸收；此外蘋果的鉀質也多，可以防止腿部水腫；蘋果有點硬度的口感，可以使我們慢慢咀嚼，會有飽足感，而且它的卡路里含量也不高。

風雲 2　葡萄柚 170 克／ 60 大卡

葡萄柚的酸性物質有助於增加消化液，促進消化，其營養素也容易被吸收。此外，為什麼葡萄柚會被列為減肥時必吃的

水果呢？因為它含有豐富的維他命 C，大約一顆葡萄柚就有 100 毫克，不僅可以消除疲勞，還可以美化肌膚，重要的是它糖分少，減肥時用它來補充維他命 C 最適合不過了。很多女孩不吃葡萄柚原因在於害怕它的重酸味，建議妳，可以滴一點點蜂蜜在葡萄柚上，酸味馬上被中和。

風雲 3　番茄 240 克／60 大卡

嚴格說起來，番茄應該是被歸類在蔬菜才正確，所以在食材中常看到它的身影。番茄含有番茄紅素、膳食纖維及果膠成分可以降低熱量攝取，促進腸胃蠕動，其獨特的酸味可以刺激胃液分泌，甚至提升食物的口感，是很好的健康食材。

風雲 4　鳳梨 205 克／60 大卡

有沒有聽人家說過，鳳梨很「利」，一定要在飯後吃才不會傷胃？這說法可是有憑有據的。鳳梨的蛋白分解酵素相當強，雖然可以幫助肉類的蛋白質消化，但是如果在餐前吃的話，很容易使胃壁受傷。因此利用吃鳳梨來瘦身一定要注意食用時間。

風雲 5　香蕉 75 克／60 大卡

香蕉含有豐富膳食纖維、維他命 A、鉀等，所以有很棒的整腸、強化肌肉、利尿軟便功能。對經常便祕、肌膚乾燥的女

人而言，這款水果是最適合的。此外，以醣類為主要成分的香蕉，吃完後可以馬上消化，迅速補充體力，香蕉還具有飽足感，只要吃上一根就可以果腹，而且熱量頗低，可別以為它甜滋滋的就不利於減肥。

風雲6　奇異果125克／60大卡

維他命C超多的奇異果一直是愛漂亮的女人們的最愛，它含有膳食纖維和豐富的鉀。和鳳梨一樣，奇異果也含有大量的蛋白分解酵素，所以和肉類菜餚搭配起來是最好的。奇異果帶點酸甜的味道，有防止便祕、幫助消化、美化肌膚的奇異效果，而且產季為一年四季，容易取得。對想除去贅肉的你來說是可以多吃的。

水果的另類吃法

為什麼有人吃某種水果時不削皮，卻能治好病，為什麼有些人荔枝吃得比你多一倍，他沒事，你卻上火？其實，吃水果也是很有講究的，懂得吃水果的學問，除了能讓你越吃越瘦之外，還能使你吃得更有滋味，又能治病。

荔枝的吃法

把荔枝連皮泡入淡鹽水中，再放入冰櫃裡冰後食用，不僅不會上火，還能解滯，更可增加食慾。如果泡上 1 杯用荔枝葉（晒乾）煎的荔枝茶，還可以解荔枝吃多而產生的滯和瀉。

鳳梨的吃法

先削皮去「釘」，再切片泡入淡鹽水中，放冰櫃裡冰後食用，會更香甜好吃。泡鹽是去掉鳳梨酶，以減少甚至除掉過敏原，這樣就不會發生過敏和消滯。若泡鹽後再切成粒狀，和入奶酪或軟雪糕裡，冰凍後吃會更美味。

甘蔗的吃法

吃甘蔗應從頂端吃起，這樣才能越吃越甜，越吃越好吃。反之，若從根部吃起則會越吃越淡，剩餘的 1/3 就吃不下了。冬天吃甘蔗，最好將其切成 20 ～ 30 公分的小段，放入鍋中煮十多分鐘後撈起趁熱削皮吃，這樣比生吃更甜。

西瓜的吃法

薄皮、無籽的肉西瓜自然是最理想的，如果是 0.5 公斤 1 顆的臺灣小西瓜，可冰凍後挖個小孔，用小號的湯匙伸進瓜中挖肉吃；如果買了不紅的淡味西瓜，可以把它當成冬瓜看待，

切塊連皮一起煲鴨湯（加腐竹、薏仁等輔料），可消暑、降壓、開胃、消渴、除脂。

榴蓮的吃法

買榴蓮以七八成熟為佳，吃起來臭味不是很重，初學吃者較易接受，但若吃過量，會導致流鼻血，此時最好將其殼煎淡鹽水服用，可降火解滯；用榴蓮皮內的肉煮雞湯喝，可作婦女滋補湯，能去胃寒。

香蕉的吃法

香蕉性涼，可降壓、去燥火，但胃寒、體弱者勿多吃。香蕉中以麻點、梅花蕉為最佳，沾淡鹽水冰凍吃，口感特別好。香蕉皮可切絲狀加醋泡一下，再拌涼瓜、什錦菜同吃，口感清爽；可把香蕉切片後裹蛋、麵粉油炸，油炸後的香蕉皮和香蕉肉脆香可口；香蕉肉還可搗成泥狀，和入雪糕中冰凍後吃，或加入涼粉中煮，冷卻後製成香蕉涼粉糕，也可用米粉包成湯圓煮著吃。

雪梨的吃法

除了可以洗淨連皮鮮吃外，還可搗泥成梨糕，加冰糖後食用，能清熱，治風熱咳嗽；也可連皮切成塊，和木瓜、蜜棗、

豬骨一起煮湯，有消暑、清熱、開胃作用。

巧吃鳳梨健體減肥

減肥

是不是覺得新鮮，鳳梨也可以減肥？千真萬確。鳳梨幾乎含有所有人體所需的維他命、16 種天然礦物質，能有效幫助消化的吸收。鳳梨減肥的祕密在於它豐富的果汁，能有效地酸解脂肪。所以，可以每天在食物中搭配食用鳳梨或飲用鳳梨汁，但是切忌食用未經處理的生鳳梨，第一，容易降低味覺，刺激口腔黏膜；第二，容易產生鳳梨蛋白酶，對這種蛋白酶過敏的人，會出現皮膚發癢等症狀。

避免這種情況發生的方法很簡單：鳳梨去皮後，切片或塊狀，放入淡鹽水中浸泡半小時，然後用涼開水沖洗去鹹味，即可放心大膽地享新鮮美味了。

清理腸胃

你常常因為愛吃肉而煩惱嗎？鳳梨可以幫助你解決消化吸收的顧慮。鳳梨蛋白酶能有效分解食物中的蛋白質，增加腸胃蠕動。

常常有便祕困擾的朋友，可以試試這個妙方。

美容

鳳梨含有豐富的維他命 B，能有效地滋養肌膚，防止皮膚乾裂，滋潤頭髮，同時也可以消除身體的緊張感和增強身體的免疫力。其果肉可作為面膜，是最香甜的護理用品。常常飲用新鮮的鳳梨汁能消除老人斑並降低老人斑的產生率。

此外，我們還可以用鳳梨做出以下五彩繽紛的瘦身食譜：

鳳梨雞蛋汁

- **材料**：鳳梨 150 克，蛋 1 顆，檸檬汁、蘇打水各適量。
- **做法**：將鳳梨去皮，洗淨，榨汁，加入蛋液及少量清水，攪拌均勻後，再加檸檬汁，邊加邊攪拌，再倒入蘇打水攪勻即成。
- **用法**：上、下午分飲。
- **功效**：補氣降脂。適用於單純性肥胖、高血脂、脂肪肝等病症。

鳳梨雞絲

- **材料**：鳳梨 1/2 個，雞胸肉 250 克，蛋清 30 毫升，生薑、青紅椒、蔥、黑芝麻、精鹽、味精、白糖、醋、水澱粉、麻油、胡椒粉、精製植物油、高湯各適量。

- · **做法**：將鳳梨肉切條，用淡鹽水泡一下。雞胸肉切絲，與水澱粉、蛋清拌勻。生薑、青紅椒、蔥均切絲。炒鍋放油加熱，入雞絲炒熟，撈出瀝油。炒鍋放油加熱，放入生薑、青紅椒、蔥略炒，放入鳳梨條、熟雞絲，加精鹽、白糖、醋、味精、胡椒粉、高湯，燒開，勾芡，淋上麻油，再撒上黑芝麻即成。
- · **用法**：佐餐食，量隨意。
- · **功效**：補虛強身、滋陰潤燥。適用於慢性氣管炎、貧血、月經失調、皮膚乾燥、習慣性便祕等病症。

草莓瘦身術

　　草莓鮮美紅嫩、果肉多汁、酸甜可口、香味濃郁、營養豐富。其中含有果糖、蔗糖、檸檬酸、蘋果酸、水楊酸、氨基酸以及鈣、磷、鐵等礦物質。它不僅有色彩鮮豔，而且還有一般水果所沒有的宜人芳香，是水果中難得的色、香、味俱佳者，因此常被人們譽為「果中皇后」。現在，草莓不再只是一般意義上的水果，而成了姐妹們的甜美瘦身寶貝。

　　草莓的吃法很多，若將草莓拌以奶油或鮮奶共食，其味極佳；將洗淨的草莓加糖和奶油搗爛成草莓泥再冷凍，就成了冷甜、香軟、可口的夏令食品；草莓醬可以做元宵、饅頭、麵餅等的餡心，更是絕妙。草莓還可加工成果汁、果醬、果酒和罐頭等，也可以和其他食物一起變身為美味又瘦身的食譜：

冰鎮草莓豆漿

- **材料：**草莓 250 克，豆漿 250 毫升，白糖 30 克。
- **做法：**將草莓洗淨，搗成泥。然後放入煮開晾涼的豆漿中，再放入白糖，攪拌均勻，放入冰箱冷透即成。
- **用法：**每日早、晚分飲。

草莓粥

- **材料：**新鮮草莓 100 克，白米 100 克，紅糖 20 克。
- **做法：**將新鮮草莓去蒂，洗淨，放入碗中搗成稀糊狀。淘淨的白米入鍋，加水適量，煨煮成稠粥，粥成時加入紅糖、草莓糊，拌勻，煮沸即成。
- **用法：**每日早、晚分食。

草莓醬

- **材料：**新鮮草莓 1,000 克，蜂蜜、紅糖各 250 克，糖漬桂花 20 克。
- **做法：**將新鮮草莓除去蒂頭，洗淨，在淡鹽開水中浸泡片刻，取出瀝水，放入家用果汁機中搗絞成泥糊狀，入鍋熬煮至黏稠狀，加入紅糖、糖漬桂花，攪拌均勻後再加入蜂蜜，攪勻，再煮沸，離火，晾涼後裝瓶即成。
- **用法：**佐餐食，量隨意。

香蕉減肥餐

香蕉是個好水果，一來進食方便，只要剝了皮就行；二來熱量很低，又能吃飽，因此香蕉最適合懶惰又想減肥的人了。

香蕉沙拉

這是最簡單的做法。把香蕉切成小塊，然後拌上沙拉醬，再放到冰箱裡冷藏一會，幾乎不費吹灰之力，一道香甜的香蕉料理就搞定了！如果覺得只有香蕉太單調，那就再放些蘋果、鳳梨之類的水果，視自己身邊已有的材料而定。

香蕉燕麥粥

這是一道絕對健康的主食，而且做起來很方便。先加足量的水把燕麥煮熟，放入切成小塊的香蕉，再放一些枸杞，然後用小火再煮上 5～6 分鐘即可。喜歡喝牛奶的朋友，還可以加牛奶煮，味道更好。

冰冰優格香蕉

這次的主角還是香蕉跟優格，但不同的是，這次是將優格抹在香蕉上，抹厚一點，然後放進冰箱的冷凍室，3～4 個小時後拿出來，一份優格香蕉冰淇淋就呈現眼前了，替它取個名

字 —— 冰冰優格香蕉。

拔絲香蕉

香蕉剝皮後，切成片，抹上澱粉，進油鍋炸到金黃色時撈出，放在一旁備用。

熱油鍋，不要太旺的火，中火就可以了，把油加到 5 ～ 6 分熱的時候放糖，糖要多放一點，否則熬出的糖水會不夠濃，就不好吃了。注意，把糖放進油鍋以後，要馬上加水，否則糖會燒焦。接著用比小火大一點點的火慢慢熬煮，同時還要不斷攪拌避免黏底。

等糖水開始冒泡，就把之前炸好的香蕉片倒進鍋中，讓它們與糖水來個親密接觸，等到糖水變得濃稠，差不多就大功告成了！

拔絲的東西一定要趁早吃，不然等糖水凝固了，不但拔不出絲來，還變得異常堅硬，最後只能粗暴地「動刀」了。

蘋果餐減肥食譜

吃蘋果減肥的好處是不必挨餓，肚子餓就吃蘋果。因為它是低熱量食物，無論吃多少，都不會比日常生活所攝取的熱量還多，所以體重自然減輕。

吃蘋果減肥的人，同時也能改善皮膚乾燥、過敏性皮膚炎、便祕等症狀。

早餐

蘋果壽司

- **材料：**白米飯 3/4 碗、火腿 40 克、小黃瓜 1/4 根、蘋果 1/3 顆。
- **調味料：**壽司醋 1 大匙、紫菜半張。
- **做法：**蘋果、小黃瓜洗淨，切條狀，用鹽浸泡一下，瀝乾水分，火腿也切成條狀備用。白飯拌上壽司醋，鋪在紫菜上，再放上材料捲成筒狀，切片即可食用。

蘋果漢堡餐

- **材料：**漢堡麵包 1 個、富士蘋果 1/2 顆、冷凍漢堡肉 1 片、萵苣菜 1 片、沙拉油 1 茶匙。
- **調味料：**番茄醬半茶匙、沙拉醬半茶匙。
- **做法：**蘋果洗淨切薄片，浸泡鹽水後瀝乾，萵苣葉洗淨備用。將漢堡烤熱、漢堡肉煎熟，放進材料及調味料即可。

蘋果通心麵

- **材料：**通心粉 40 克、瘦絞肉 35 克、洋蔥 30 克、紅蘿蔔 20 克、青豆仁 10 克、花椰菜 50 克、蘋果 1/3 顆、油 1 茶匙。
- **調味料：**番茄醬 1 大匙。

- · **做法**：通心粉煮熟後，放進冷水中後再撈起瀝乾；蘋果、紅蘿蔔切丁，青豆仁、花椰菜先燙熟。洋蔥切絲入油鍋炒香，然後加肉末炒熟後，倒入所有的材料拌均勻調味即可。

午餐

蘋果牛肉

- · **材料**：蘋果 1/4 顆、牛肉 35 克、青蔥段、生薑片、沙拉油 1 茶匙。
- · **調味料**：鹽、糖、香油、醬油各少許。
- · **做法**：將蘋果切片、牛肉切片，分別用鹽醃一下。起油鍋，放進蔥段、薑片炒香，然後放牛肉及蘋果，炒約 2 分鐘加調味料再翻炒一下，起鍋時淋些香油即可。

雞球蘋果

- · **材料**：雞胸肉 70 克、蘋果半顆、油 1 茶匙。
- · **調味料**：番茄醬 1 大匙、糖半茶匙、太白粉 1 茶匙。
- · **做法**：蘋果洗淨挖成球狀或切成塊狀，浸泡鹽水後瀝乾備用；雞胸肉用鹽醃過後加太白粉拌勻，入水燙熟，起油鍋，將所有材料倒入，拌勻加調味料即可。

酸辣蘋果絲

- · **材料**：富士蘋果半顆、青椒 15 克、甜椒 15 克、紅辣椒少許。

- **調味料**：白醋、白糖、鹽少許。
- **做法**：蘋果洗淨切絲，泡在鹽水中，再用冷開水沖洗，瀝去水分備用；青椒、甜椒、紅辣椒洗淨切絲後，和蘋果絲加調味料拌勻即可。

蘋果里肌絲

- **材料**：蘋果半顆、里肌肉 35 克、香菜 10 克、檸檬 1 顆、橄欖油 1 茶匙。
- **調味料**：太白粉少許、鹽 1/4 茶匙。
- **做法**：蘋果洗淨切絲，用檸檬水浸泡撈起備用；里肌肉切絲後加太白粉、鹽拌勻，滾水燙過後用冷開水立即沖涼瀝乾，然後將所有材料加橄欖油和調味料拌勻後即可。

晚餐

蘋果里肌捲套餐

- **材料**：蘋果半顆、里肌肉 2 片、紫菜、蔥段。
- **調味料**：醬油 2 茶匙、鹽和糖少許。
- **做法**：蘋果洗淨切成 1 公分長條狀，里肌肉切薄片加調味料醃入味。將紫菜切成里肌肉大小，依序放肉片、蘋果條、蔥段後捲緊，用竹籤交叉插入 1 片蘋果、1 個肉捲，入烤箱烤 2～3 分鐘即可。

紅綠雙菇

- **材料**：紅蘋果 1/3 顆，綠花椰菜 30 克，草菇 20 克、洋菇 20 克，蔥、沙拉油 1 茶匙。
- **調味料**：鹽 1/4 茶匙、胡椒粉 1/4 茶匙、太白粉半茶匙、味精少許。
- **做法**：綠花椰菜、草菇、洋菇洗淨切小塊，燙熟後沖涼；蘋果洗淨挖成球狀或切塊狀。起油鍋爆香蔥段、薑片，再放入所有材料加調味料以大火炒勻即可。

山楂降脂法

現代醫學證明，山楂含枸櫞酸、蘋果酸、抗壞血酸、酶和蛋白質、碳水化合物，有降血壓、促進胃腸消化的作用。中醫認為，山楂可健脾消積，對減肥有利，可輔治繼發性肥胖症。

以下介紹山楂的幾種吃法：

1　**山楂湯材料**：山楂 500 克，白糖 100 克。製法：以水清洗山楂，去蒂、籽用水煮，山楂爛熟放入白糖，飲其湯。

2　**山楂茶材料**：山楂 500 克，乾荷葉 200 克，薏仁 200 克，甘草 100 克。製法：將以上幾味共研細末，分為 10 包，每日取一包沸水沖泡，代茶飲，茶淡為度。

3　**山楂銀菊飲材料**：山楂、銀花、菊花各 10 克。製法：將山楂拍碎，與銀花、菊花共同放入杯中代茶沖飲，為一日量。

4　山楂橘皮飲材料：生山楂、橘皮、荷葉各 20 克，生薏仁 10
　　克。製法：將以上幾味共研細末，入暖水瓶中用沸水沖泡，一
　　日飲完。三月有效。

5　**山楂瓜皮飲材料**：山楂 20 克，冬瓜皮 30 克，何首烏、槐樹
　　角各 10 克。製法：將以上幾味共同入鍋中煎煮 20 分鐘，濾
　　汁飲用。

6　**健美消脂茶材料**：山楂 20 克，澤瀉、萊菔子、麥芽、茶葉、
　　藿香、赤大豆、雲茯苓、草決明、陳皮、六神曲、夏枯草各 7
　　克。製法：將以上各味入砂鍋中加水煎熬，濾汁飲用，為一日
　　量。

7　**雙根茶材料**：茶根、山楂、蘆根各 15 克。製法：將以上各味
　　同煎熬 20 分鐘，濾汁飲用。

橘子的家庭食療食譜

橘餅銀耳羹

· **材料**：橘餅 2 塊，白木耳 15 克，冰糖少許。

· **做法**：鮮橘用白糖漬製，壓成餅，烘乾。白木耳用水泡發。橘
　餅、白木耳入鍋，加水，用旺火燒開，用小火燉 5 小時，待白
　木耳爛後，加白糖適量。

· **藥用**：飲料。

- **說明**：潤肺止咳、補虛化痰；對肺燥乾咳、美容減肥有療效。

橘子山楂汁

- **材料**：橘子 250 克，山楂 100 克，白糖少許。
- **做法**：橘子去皮，榨汁。山楂入鍋，加水 200 毫升煮爛，取汁，與橘汁混合，加入白糖。
- **藥用**：飲料。
- **說明**：降壓、降脂、擴張冠狀動脈；對高血壓、高血脂、冠狀動脈硬化有療效。

橘子羹

- **材料**：橘子 300 克，山楂糕丁 40 克。
- **做法**：剝掉橘子皮，去橘絡和籽，切好。鍋中加水燒熱，加白糖，水沸後撇掉浮沫。把橘丁入鍋，撒上桂花糖、山楂糕丁。
- **藥用**：當飲料飲用。
- **說明**：開胃助食、潤肺止咳、健脾理氣、利溼消脂。

橘皮粥

- **材料**：乾橘皮 10 克，粳米 50 克，水 400 毫升。
- **做法**：橘皮研成細末，與粳米、水同入鍋，煮成稀粥。
- **藥用**：早晚兩次，溫熱服食，5 天為一療程。

- 說明：順氣健胃、化痰止咳；對胸滿腹脹、食慾不振、噁心嘔吐、咳嗽痰多有療效。

芒果的家庭食療食譜

芒果燒雞

- **材料**：青芒果 250 克，雞肉 500 克，番茄 1 顆，洋蔥 1 顆，胡椒粉、牛油、蠔油、白糖、澱粉、白蘭地酒適量。
- **材料**：芒果去皮切片，洋蔥和番茄切成小塊；雞肉切成塊放入碗中，加澱粉拌勻。鍋上火，放花生油燒熱，加洋蔥煸炒，下雞肉炒勻，放入白蘭地酒、牛油、白糖、蠔油、胡椒粉、精鹽、芒果、番茄、水，拿勺輕攪幾下，熟後上盤。
- **藥用**：佐餐食用，用量隨意。
- **說明**：補脾胃、益氣血、生津液；對脾胃虛弱、身體浮腫、氣血虧虛、咽乾口渴有療效。

芒果汁

- **材料**：鮮芒果 3 顆。
- **做法**：去皮、核，榨汁。
- **藥用**：早晚各服 20 毫升。

- 　**說明**：益胃消食、止嘔去脂；對食慾不振、消化不良、噁心、嘔吐有療效。

芒果陳皮瘦肉湯

- 　**材料**：生芒果 3 顆，陳皮半個，精肉 150 克。
- 　**做法**：把芒果切開晒乾，與陳皮、豬肉同入鍋，煲 3 小時即可。
- 　**藥用**：分 3 次服完。
- 　**說明**：清肺化痰、解毒散邪排膿；對肺膿瘍有療效。

芒果茶

- 　**材料**：芒果 2 顆，白糖適量。
- 　**做法**：芒果去皮、核，切片入鍋，加水煮沸 15 分鐘，加白糖。
- 　**藥用**：代茶飲。
- 　**說明**：有生津止渴、消食健胃、健脾導滯、升清化濁之功效。
- 　**建議**：芒果不宜多食，不宜與辛辣食物同食。

葡萄的家庭食療食譜

鮮葡萄汁

- **材料**：新鮮葡萄 100 克，白糖適量。
- **做法**：把葡萄洗淨去梗，拿清潔紗布包緊後擠汁，加入白糖調勻即可。
- **藥用**：一天分 3 次喝完。
- **說明**：有和中健胃、增進食慾、填飢健身之功效。

葡萄藕地蜜汁

- **材料**：鮮葡萄、鮮藕、鮮生地皆適量，蜂蜜 500 毫升。
- **做法**：將前三種材料搗爛取汁 3,000 毫升，加入蜂蜜調勻。
- **藥用**：每次服 200 毫升，一天服 3 次。
- **說明**：利尿消腫、通淋之功效。

拔絲葡萄

- **材料**：葡萄 250 克，蛋 3 顆，澱粉、麵粉、白糖適量，花生油 500 毫升。
- **做法**：葡萄洗淨，加開水略燙後取出，剝皮剔籽，蘸上麵粉；把蛋清打入碗中，把葡萄沾上蛋糊，放入油鍋炸，呈淺黃色

時倒進漏勺瀝油。鍋上火，加水、白糖，熬到糖變色可拉絲時，倒入葡萄，攪勻，起鍋裝進抹上一層芝麻油的盤中。

- **藥用**：加涼開水食用。
- **說明**：有補氣血、強筋骨、消除宿便、收束小腹之功效。

酒釀葡萄羹

- **材料**：葡萄 500 克，糯米酒 100 毫升，白糖 500 克，櫻桃、桂花、芝麻、澱粉適量。
- **做法**：把葡萄洗淨，順長切開，剔籽去皮，與白糖、桂花、芝麻同放入碗中，加清水，搓勻，在案板上切成小方塊，風乾。鍋上火，加水煮沸，放白糖，攪勻，撇掉浮沫，再放白糖，用澱粉勾芡，加入米酒，煮沸，放小方塊煮熟，撈出撒上櫻桃，待葡萄、櫻桃浮在羹面上時，出鍋裝入湯碗。
- **藥用**：佐餐飲，用量隨意。
- **說明**：味道芬芳可口，有補益肺脾、消脂降壓、輕身健美之功效。

梨子的家庭食療食譜

秋梨綠茶飲

- **材料**：秋梨 1 顆，綠茶 3 克。

- **做法**：把梨子洗淨，切成片。把 1/2 個梨片與茶葉放在杯中，用沸水沖泡，15 分鐘後即可飲用。
- **說明**：生津潤燥、清熱化痰、養肺鎮咳、益胃利嗝；對熱病傷津、痰多咳嗽、噎嗝、便祕、肥胖有療效。
- **藥用**：成人每天 2 次，每次 1 劑，連用 10 天。
- **建議**：脾胃虛寒、腹瀉者忌用。

金糕拌梨絲

- **材料**：鴨嘴梨 2 顆，金糕 70 克，蜂蜜 16 克，白糖 15 克。
- **做法**：鴨嘴梨去皮、切絲放入水碗中，蒸 10 分鐘，放在盤中擺放整齊；把金糕切成絲放在梨絲上，撒上白糖、蜂蜜。
- **說明**：健胃潤肺、消食降壓、減肥健美；對肝炎有療效。
  建議：糖尿病者忌食。

雪梨羅漢果湯

- **材料**：雪梨 1 顆，羅漢果半顆。
- **做法**：梨子洗淨切塊，與羅漢果加水同煮 20 分鐘。
- **藥用**：喝湯。
- **說明**：生津潤燥、清熱化痰、利尿消脂；對肥胖症有療效。

雪梨荸薺豬瘦肉湯

- · **材料**：雪梨 2 顆，荸薺 100 克，豬瘦肉 100 克。
- · **做法**：將配料洗淨切片，水煮，加少量食鹽調味。
- · **藥用**：吃肉喝湯，1 天內服完。
- · **說明**：滋補肝腎、清熱潤肺、減肥美容之療效。

西瓜的家庭食療食譜

西瓜飲

- · **材料**：西瓜 1 顆。
- · **做法**：把西瓜剖開，取汁 1 碗。
- · **藥用**：分幾次飲用。
- · **說明**：清熱解暑、除煩止渴、利小便、可去脂。
- · **建議**：中寒溼盛者忌飲。

大蒜西瓜汁

- · **材料**：大蒜 50 克，西瓜 1,000 克。
- · **做法**：把西瓜挖一個三角形的洞，將大蒜放入，把挖去的瓜蓋蓋好，盛入大碗中，蒸 10 分鐘即可。

- **藥用：**熱飲、吃蒜瓣和瓜皮。
- **說明：**清熱利尿、行滯降壓；對高血壓有療效。

綠豆西瓜粥

- **材料：**白米 120 克，綠豆 100 克，西瓜皮 150 克。
- **做法：**把綠豆用清水泡 4 小時。西瓜皮切成丁。白米淘淨，與綠豆同入鍋，加水，旺火主沸後用小火熬成粥，拌入西瓜皮，煮沸即可。
- **藥用：**每天早、晚分食。
- **說明：**清熱利尿、消暑止渴、祛淤降壓；對暑熱、動脈硬化、高血壓、便祕、牙齦炎、口腔炎、咽喉炎、高血脂和身體虛胖者有療效。

赤小豆西瓜皮湯

- **材料：**赤小豆 50 克，西瓜皮 50 克，白茅根 50 克。
- **做法：**赤小豆淘淨。西瓜皮、白茅根切碎。將赤小豆、西瓜皮、白茅根放入水鍋中，用旺火煮沸，再用小火煮 2 小時。
- **藥用：**飲湯，用量隨意。
- **說明：**祛淤降脂、健脾利溼；對單純性肥胖症、高血壓病、慢性前列腺炎、高血脂有療效。

第七章　水果減肥真簡單

第八章

排毒減肥新概念

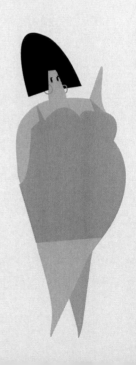

第八章　排毒減肥新概念

我的體內有多少毒素

　　所謂羅馬不是一天造成，肥胖也並非都是天生。肥胖有許多原因，其中最不易察覺的就是隱藏且堆積在體內的毒素，這些毒像蛇一樣纏繞於體內，並在暗地裡帶來苦不堪言的憂患。你有以下這些症狀嗎？你的體內到底有多少暗藏殺機的毒素呢？請根據自己的情況，對照以下這些病狀，適時地為自己採取有效的袪毒之方吧！

1　經常感到頭部沉重、疼痛，有時也會頭暈和失眠。

2　眼睛很容易充血、發癢。眼皮沉重，視物混沌模糊。

3　耳鳴、耳痛，或者耳朵有發癢、發炎。

4　身體不適，常感疲勞、乏力。

5　注意力不佳、健忘，學習能力降低。

6　情緒起伏大。

7　一年內會感冒一兩次。

8　鼻塞，同時伴有鼻炎和噴嚏。

9　有口臭。

10　口腔經常潰瘍，牙齦紅腫。

11　身體有異味。

12　小便量少，有臭味。

13　即使白天休息很長時間，也不能緩解身體的沉重感。

14　關節變得僵硬，感到疼痛。

15　手指甲很脆，容易折斷。

16　眼眶有黑眼圈。

17　感到噁心，有消化不良和嘔吐的症狀，經常打嗝。

18　有頻繁的腹瀉或便祕症狀。

19　不能每日排便。

20　精神壓力大，時常覺得焦慮。

21　有過敏症狀。

22　有溼疹或皮膚過於乾燥、過敏症狀，或長有青春痘、皮膚斑疹等。

23　心律過快或不規則。

24　常感到呼吸急促、呼吸困難，或患有哮喘病、支氣管炎。

25　體重容易增加。

26　容易過量飲食或偏食，體重比平均值重很多或者輕很多。

27　右胸胸廓下時有疼痛或不舒服的感覺。

28　覺得自己和同齡人相比不健康。

毒素與肥胖

　　除了脂肪之外，體內廢棄物長久堆積無法排出，亦是導致身材臃腫的一大原因。毒素是指所有對身體造成危害的物質，可能會引起身體的排異性反應、過敏症狀，以及使人有一種患病感覺的物質。如果毒素長期堆積在體內的話，會使細胞與組

織受傷，造成肥胖。

　　人們隨時都能接觸到潛在的毒素，日常中喝的水、吃的飯菜、呼吸的空氣裡，都會有毒素。實際上，大多數毒素肉眼無法看見，人們往往在不知不覺間陷入毒素的包圍。

　　可是，並非所有的毒素都是從外部流入人體內的，身體內部也能製造毒素。只要人活著，人體就會連綿不斷地產生毒素和垃圾。

　　在我們吸收許多營養的同時，體內也囤積了許多代謝的廢棄物，若沒有經過運動或其他排毒方式適時排出，就可能變成毒素，不僅會導致肥胖，也是許多慢性病的根源，如：痛風、高血壓、心臟病、糖尿病。

　　而值得注意的是，女人隨著年齡的成長，身體的基礎代謝率會越來越低，尤其是超過 30 歲之後，身體代謝率驟降，滯留在身體裡的廢棄物與毒素也越來越多，體型當然也就越來越臃腫了。

　　任何人如果不遵循科學的飲食準則，在吃喝上隨意放縱自己，不保持積極的生活方式，不經常清理自己的身體，那麼，身體內部一定存在大量的垃圾。

排毒與美體密不可分

　　有的女性皮膚細膩光潔如羊脂白玉，緊緻而富有彈性。但

是，也有不少女性皮膚不僅粗糙，還毫無光澤，這兩者的差別就在於平時對皮膚的保養上。

若要使皮膚真正符合美體的要求，經常對皮膚進行護理是必不可少的，而排毒更是保證膚質優良的重要一步。

當毒素滯留在體內，受影響最大的自然就是皮膚。一般來說皮膚粗糙、色素沉著等，均是毒素在體內沉積的表現。因此，要造就令人稱羨的美體，排毒確實是當務之急。

只要注意全身排毒，人的皮膚和體型一定會勝過不注意排毒的人。這樣，女性能擁有一個好的體型，就一點也不奇怪了。

10 種能排毒養顏的食物

小黃瓜

小黃瓜味甘，性平，又稱青瓜、胡瓜、刺瓜等，原產於印度，具有明顯的清熱解毒、生津止渴功效。現代醫學認為，小黃瓜富含蛋白質、醣類、維他命 B2、維他命 C、維他命 E、胡蘿蔔素、菸鹼酸、鈣、磷、鐵等營養成分，同時還含有丙醇二酸、葫蘆素、柔軟的細纖維等，是難得的排毒養顏食品。

小黃瓜所含的小黃瓜酸，能促進人體的新陳代謝，幫助排出毒素。小黃瓜中維他命 C 的含量比西瓜高 5 倍，能美白肌膚，

保持肌膚彈性，抑制黑色素的形成。小黃瓜還能抑制醣類物質轉化為脂肪，對肺、胃、心、肝及排泄系統都非常有益。夏日裡容易煩躁、口渴、喉嚨痛或痰多，吃小黃瓜有助於化解炎症。

荔枝

味甘、酸，性溫，有補脾益肝、生津止渴、解毒止瀉等功效。李時珍在《本草綱目》中說：「常食荔枝，補腦健身……」；《隨息居飲食譜》記載：「荔枝甘溫而香，通神益智，填精充液，辟臭止痛，滋心營，養肝血，果中美品，鮮者尤佳。」現代醫學則認為，荔枝含維他命 A、維他命 B1、維他命 C，還含有果膠、遊離氨基酸、蛋白質以及鐵、磷、鈣等多種元素。研究證明，荔枝有補腎、改善肝功能、加速毒素排除、促進細胞生成、使皮膚細嫩等作用，是排毒養顏的理想水果。

木耳

味甘，性平，有排毒解毒、清胃滌腸、活血止血等功效。古書記載，木耳「益氣不飢，輕身強志」。木耳富含碳水化合物、膠質、腦磷脂、纖維素、葡萄糖、木糖、卵磷脂、胡蘿蔔素、維他命 B1、維他命 B2、維他命 C、蛋白質、鐵、鈣、磷等多種營養成分，被譽為「素中之葷」。木耳中所含的一種植物膠質，有較強的吸附力，可將殘留在人體消化系統的雜質集中吸

附,再排出體外,從而起到排毒清胃的作用。

蜂蜜

味甘,性平,自古就是滋補強身、排毒養顏的佳品。《神農本草經》記載:「久服強志輕身,不老延年。」蜂蜜富含維他命 B2、維他命 C、果糖、葡萄糖、麥芽糖、蔗糖、優質蛋白質、鉀、鈉、鐵、天然香料、乳酸、蘋果酸、澱粉酶、氧化酶等多種成分,對潤肺止咳、潤腸通便、排毒養顏有顯著功效。近代醫學研究證明,蜂蜜中的主要成分為葡萄糖和果糖,很容易被人體吸收利用。常吃蜂蜜能達到排出毒素、美容養顏的效果,對防治心血管疾病和神經衰弱等也很有好處。

紅蘿蔔

味甘,性涼,有養血排毒、健脾和胃的功效,素有「小人參」之稱。紅蘿蔔富含醣類、脂肪、精油、維他命 A、維他命 B1、維他命 B2、花青素、胡蘿蔔素、鈣、鐵等營養成分。現代醫學已經證明,紅蘿蔔是有效的解毒食物,它所含有的豐富胡蘿蔔素、維他命 A 和果膠,會與體內的汞離子結合後排出,能有效降低血液中汞離子的濃度。

第八章　　排毒減肥新概念

苦瓜

　　味甘，性平。中醫認為，苦瓜有解毒排毒、養顏美容的功效。《本草綱目》中說苦瓜「除邪熱，解勞乏，清心明目」。苦瓜富含蛋白質、醣類、粗纖維、維他命 C、維他命 B1、維他命 B2、菸鹼酸、胡蘿蔔素、鈣、鐵等成分。現代醫學研究發現，苦瓜中存在一種具有明顯抗癌作用的活性蛋白質，這種蛋白質能夠激發體內免疫系統的防禦功能，增加免疫細胞的活性，清除體內的有害物質。苦瓜雖然口感略苦，但餘味甘甜，近年來漸漸風靡餐桌。

海帶

　　味鹹，性寒，具有消痰平喘、排毒通便的功效。海帶富含藻膠酸、甘露醇、蛋白質、脂肪、碳水化合物、粗纖維、胡蘿蔔素、維他命 B1、維他命 B2、維他命 C、菸鹼酸、碘、鈣、磷、鐵等多種成分。海帶所含的蛋白質中，包括 8 種氨基酸。而含量豐富的碘，對人體十分有益，可治療甲狀腺腫大和碘缺乏而引起的病症。海帶的碘化物被人體吸收後，能加速病變和排除炎症滲出物，有降血壓、防止動脈硬化、促進有害物質排泄的作用。同時，海帶中還含有一種叫硫酸多醣的物質，能夠吸收血管中的膽固醇，並把它們排出體外，使血液中的膽固醇保持正常含量。另外，海帶表面上有一層略帶甜味的白色粉

末，是極具醫療價值的甘露醇，具有良好的利尿作用，可以治療藥物中毒、浮腫等症，所以，海帶是理想的排毒養顏食物。

茶葉

性涼，味甘苦，有清熱除煩、消食化積、清利減肥、通利小便的作用。中國是茶的故鄉，對茶非常重視。古書記載：「神農嘗百草，一日遇七十二毒，得茶而解之。」說明茶葉有很好的解毒作用。茶葉富含鐵、鈣、磷、維他命 A、維他命 B1、菸鹼酸、氨基酸以及多種酶，其醒腦提神、清利頭目、消暑解渴的功效尤為顯著。現代醫學研究顯示，茶葉中富含一種活性物質 —— 茶多酚，具有解毒作用。茶多酚作為一種天然抗氧化劑，可清除活性氧自由基，可以保健強身和延緩衰老。

冬菇

味甘，性涼，有益氣健脾、解毒潤燥等功效。冬菇含有谷氨酸等 18 種氨基酸，在人體必需的 8 種氨基酸中，冬菇就含有 7 種，同時它還含有 30 多種酶以及葡萄糖、維他命 A、維他命 B1、維他命 B2、菸鹼酸、鐵、磷、鈣等成分。現代醫學研究認為，冬菇含有多醣類物質，可以提高人體的免疫力和排毒能力，抑制癌細胞生長，增強身體的抗癌能力。此外，冬菇還可降低血壓、膽固醇，預防動脈硬化，有強心保肝、寧神定志、

促進新陳代謝及加強體內廢物排泄等作用，是排毒壯身的最佳食用菌類。

綠豆

味甘，性涼，有清熱、解毒、袪火之功效，是中醫常用來解多種食物或藥物中毒的一味中藥。綠豆富含維他命 B 群、葡萄糖、蛋白質、澱粉酶、氧化酶、鐵、鈣、磷等多種成分，常飲綠豆湯能幫助排泄體內毒素，促進身體的正常代謝。許多人在進食油膩、煎炸、熱性的食物之後，很容易出現皮膚癢、暗瘡、痱子等症狀，這是由於溼毒溢於肌膚所致，綠豆具有強力解毒功效，可以解除多種毒素。現代醫學研究證明，綠豆可以降低膽固醇，又有保肝和抗過敏作用。夏秋季節，綠豆湯是排毒養顏的佳品。

5 種食物讓你百毒不侵

現代社會的環境不如古代來的安靜及乾淨，身處現代的你，會不會覺得古代比較好呢？現代人因為環境汙染的因素，使身體健康或多或少出現問題。

因為外在環境影響，人的體內不可避免地受到一些汙染，這會導致身體抗過敏的機能減退、癌症等現代病的出現。現在

要告訴你一項重要的保健訊息，就是利用「超級解毒丸」，讓你的身體能夠百毒不侵。

何謂「超級解毒丸」？說穿了，就是使用天然食物來進行排毒。可別小看身邊隨手可得的天然食物，它可是會立大功的！

豬血

豬血中含有豐富的血漿蛋白，經胃酸和消化系統分解後，可以產生解毒和潤腸的功能。它會讓不利於身體的有害物質通通消失。

食用菌類

常食用黑木耳（食用菌）可以清除血液和體內的有毒物質和毒素。

新鮮果汁

飲用足量且新鮮的百分百果汁，可以使血液呈鹼性，也有讓血液細胞毒素溶解的功效。

豆類

綠豆能排泄體內毒素，增加新陳代謝，還可以保護肝臟、清肝降火。

海藻

海藻類食物多呈鹼性，所以和鮮果汁有同樣作用，而且它的膠原質，可以使堆積在人體內的放射性物質一同排泄出來，所以經常攝食這些食物，不但可清除體內所受的汙染，更可以預防及減少疾病的發生。這麼好又隨手可得的食物，記得經常食用。

給自己來一杯排毒飲料

鮮果汁、鮮蔬汁常常能清理體內堆積的毒素和廢物，鮮果汁或鮮蔬汁進入人體消化系統後，會使血液呈鹼性，把積存在細胞中的毒素溶解，並排出體外。

胡蘿蔔汁

胡蘿蔔汁能提高人的食慾和對感染的抵抗力。哺乳期的母親每天多喝點胡蘿蔔汁，分泌出的奶汁品質比不喝胡蘿蔔汁的母親高許多。患有潰瘍的人，飲用胡蘿蔔汁可以顯著減輕症狀。胡蘿蔔汁還有緩解結膜炎以及保養整個視覺系統的作用。

芹菜汁

芹菜味道清香，可以增強人的食慾。在天氣乾燥炎熱的時

候，起床喝一杯芹菜汁，可感受到清涼。在兩餐之間最好也喝點芹菜汁。芹菜汁也可作為利尿和輕瀉劑以及降壓良藥。由於芹菜的根葉含有豐富的維他命 A、維他命 B1、維他命 B2、維他命 C 和維他命 P，故而芹菜汁尤其適合維他命缺乏者飲用。

高麗菜汁

高麗菜對於促進造血機能的恢複、抗血管硬化和阻止醣類轉變成脂肪、防止血清膽固醇沉積等，具有良好的功效。高麗菜汁中的維他命 A，可以預防夜盲症；所含的硒，除有助於防治弱視外，還有助於增強人體內白血球的殺菌力和抵抗重金屬對身體的毒害。當牙齦感染引起牙周病時，飲用高麗菜和紅蘿蔔混合呈的蔬果汁，不僅可以為人體供應大量維他命 C，同時還可以清潔口腔。

小黃瓜汁

在小黃瓜汁醫用價值表上，利尿功效名列前茅。小黃瓜汁在強健心臟和血管方面也占有重要位置，能調節血壓，預防心肌過度緊張和動脈粥狀硬化。小黃瓜汁還可鎮靜和強健神經系統，增強記憶力。小黃瓜汁對牙齦損壞及對牙周病的防治也有一定的功效。小黃瓜汁所含的許多元素都是頭髮和指甲所需要的，能預防脫髮和指甲劈裂；所含脂肪和醣較少，是較為理想

的減肥飲料。

番茄汁

　　醫學專家認為，每人每天吃上 2 ～ 3 顆番茄，就可以滿足一天維他命 C 的需要。喝上幾杯番茄汁，可以得到一日所需維他命 A 的一半。番茄含有大量檸檬酸和蘋果酸，對整個身體的新陳代謝過程大有裨益，可促進胃液生成，加強對油膩食物的消化。番茄中的維他命 P 有保護血管、防治高血壓的作用，能改善心臟的工作。番茄汁兌上蘋果汁、南瓜汁和檸檬汁，還可起到減肥的作用。

清除水毒

　　身體約 60%～ 70%都是水分，水不僅滋潤身體，還是身體發揮正常功能必不可少的重要成分。水過多的話會出現浮腫，過少的話則會出現脫水症狀。

　　體內的水分約 2/3 分布在細胞內，剩下的 1/3 在細胞外。前者被稱為細胞內液，後者被稱為細胞外液。細胞外液是細胞間的間質液以及血流中流動的水分（血漿）。

　　為了使每個細胞都發揮正常功能，維持正常的生命活動，細胞內液和細胞外液常常進行水分交換，使水分的絕對量保持

在定值。而且，細胞內外液中所含的鈉、鉀、鎂等元素也要保持一定的量，這就要靠身體的各種調節機制，將過多的水分和鹽排出。

但在病理情況下，身體調節機制出現紊亂，使水分代謝功能失調，打破了細胞內液和細胞外液的平衡狀態，導致細胞外液的間質液增加，發展成水毒，從而引起身體全身或某部位浮腫等異常。

水毒的代表性症狀主要是冷寒症和浮腫，表現類型有下體肥胖、肌肉鬆弛、皮膚常有飽脹感、小便不暢、有尿頻症、血壓比平均值高、經常失眠和頭痛、腰膝感覺寒冷和疼痛、消化不良等。

治療水毒型肥胖的要點是祛除寒氣。此類患者平時應該注意不讓身體感到寒冷，適量飲水，做輕鬆的體操運動，以祛除水毒。

通過各種方法將水毒排出體外後，應該用利尿效果好的中藥製成的中藥茶，堅持服用，讓體內不再堆積水毒。

薏仁綠茶

這道茶能為身體解毒，祛除體內的溼氣，使腸胃更結實，因此對治療水毒有好處，而且有抗癌效果，所以也用作輔助治療胃脹、腸癌。

取薏仁 100 克,綠茶 1 ～ 3 克,水 600 ～ 800 毫升。在水中加入薏仁後,用小火將薏仁煮熟,並將水熬到剩下一半的量為止。然後加入綠茶,1 分鐘後關火等茶涼。每天分 3 次服用。

玉米鬚茶

玉米鬚的利尿作用很突出,也一直被認為是袪除浮腫的特效藥,對因水毒而變胖的人有奇效。

取玉米鬚 10 克,水 500 毫升。將玉米鬚洗淨,放在陰涼處晾乾後使用。在小鍋中倒入水,加入玉米鬚,用大火將水煮至沸騰,然後將火關小,繼續熬至水剩下一半的量為止。

濾掉殘渣,將湯晾涼後隨時喝。但是一開始不宜喝得太多,應以逐漸加量為宜。

車前子茶

車前子主要用來治療氣虛和小便不暢。它的纖維可以增加體積,像掃帚一樣清掃腸內壁,可以使體內多餘的水分盡快排出,並有明目、袪除汙血、治療肝臟熱毒的功效。因此,車前子可以改善水毒型浮腫引起的腫脹症狀。

取車前子 5 克,水 600 毫升。在小鍋中倒入水和車前子,用小火熬到水只剩下一半的時候為止,隨時喝。

木通茶

木通適於在身體浮腫、頭痛、小便混濁的情況下服用。熬成茶後，一天分 3 次服用。有利尿、排便的作用，尤其對產後浮腫造成體重增加的情況療效顯著。

取木通 20 克，水 600 毫升。在小鍋中倒入水和木通，用小火熬到水只剩下一半的時候為止。每日分 3 次，在飯後服用。

排毒吃哪些水果

每個人都離不開吃，可是有很多人不知道，我們每天吃東西時，腸子裡至少會積存 3 至 13 公斤的廢物，如果這些毒素在腸內一再被吸收，最後就會影響身體的健康。正因如此，我們的身體需要定期清除毒素，用水果排毒自然也成了熱門的健康話題。

櫻桃就是目前被公認為，能夠為人體去除毒素及不潔體液的水果。它同時對腎臟的排毒具有相當功效，還有通便的功用。

深紫色葡萄也具有排毒作用，而且能幫助腸內黏液一起清除肝、腸、胃、腎內的垃圾。

如果不喜歡吃櫻桃或葡萄，那蘋果也是不錯的選擇。因為蘋果內含半乳糖荃酸，對排毒也挺有幫助，其果膠還能避免食物在腸內腐化。

此外，草莓也是一種可以排毒的水果，且熱量不高，能清潔腸胃和照顧肝臟。但要注意，對阿司匹林過敏或腸胃功能不好者，不宜食用。

當然，水果的排毒功能是不同的。蘋果可預防膽結石；櫻桃長於排解腎臟裡的毒素；葡萄則可以清除腸胃垃圾等等。

7 日飲食排毒療程

如果你最近疲乏無力，常常昏昏欲睡，無緣無故頭痛、肌肉酸痛、心情煩躁，臉上出現痘痘，口中長潰瘍、出現難聞的氣味，記憶力變差……那就是身體在提醒你 —— 你已經「毒債」累累，需要實施排毒計劃了。

下面為你推薦「7 日飲食排毒」療程。因為體內毒素使血液氧化偏酸、循環不暢，所以此療程以蔬菜和水果為主，它們多呈鹼性，可中和體內過多的酸性物質，同時將累積在細胞中的毒素溶解。由於最開始一兩天容易使人感到餓和疲乏，為避免影響工作，建議從週六開始實施此療程。

第 1 ～ 2 天

1　起床：1 杯溫開水、1 杯白開水加蜂蜜或熱檸檬汁；
2　早餐：1 份水果

3　　上午：少量果乾

4　　午餐：1 碗糙米飯＋ 2 份蔬菜

5　　下午：自製果汁（將 1 公斤蘋果、梨子、葡萄、芒果或草莓等
　　　水果榨汁後加等量的水（果汁裡加水飲用有助於清洗消化道）

6　　晚餐：1 份蔬菜

7　　睡前：補充維他命。開始的一兩天很容易感到飢餓，尤其是
　　　晚上，最好提早上床睡覺，以免飢餓難忍。如果實在想吃東
　　　西，就吃點蘋果或葡萄。另外，一整天都要充分飲水，且選擇
　　　溫熱的白開水、蜂蜜水或熱檸檬汁，不能喝可樂等碳酸飲料及
　　　牛奶或咖啡。但注意臨睡前不要喝太多水

第 3 ～ 7 天

1　　起床：1 杯溫開水、1 杯蜂蜜水或熱檸檬汁

2　　早餐：麥片粥＋ 1 份蔬菜或 1 份水果或 1 份水果沙拉

3　　上午：1 份水果＋少量果乾

4　　午餐：1 碗糙米飯或 1 碗糙米粥＋ 2 份蔬菜＋ 1 份魚＋
　　　1 份豆類

5　　下午：1 份水果或 1 份水果沙拉

6　　晚餐：1 份蔬菜＋ 1 份魚＋ 1 份豆類

7　　晚上：1 份水果

8　　睡前：補充維他命

9　　製作水果沙拉不要用沙拉醬，可選擇蘋果汁、檸檬汁或不含牛

奶的天然優格。烹飪用油選擇橄欖油,且烹飪過程中盡量少加,也不要使用太多調味料,尤其是鹽,否則可能導致缺鉀和閉尿、閉汗。蔬菜能生吃的就生吃,因為生的蔬菜可以提供大量纖維素,有助於排毒。另外注意每天的食物品種搭配盡量豐富。

能吃掉毒素與脂肪的食物

脂肪是吃出來的,但有些食物具有降脂的作用,可以吃掉體內的脂肪,幫助我們減肥排毒。

- **大蒜**:大蒜含有硫,所形成的硫基化合物可以減少血液中膽固醇和防止血栓形成,有助於增加高密度膽固醇,對減肥有利。

- **洋蔥**:洋蔥含前列腺素 A,有舒張血管、降低血壓等功能;還含有某些化合物及少量硫氨基酸,可降血脂,預防動脈硬化。40 歲以上者更要常吃。

- **韭菜**:韭菜除了含鈣、磷、鐵及醣類、蛋白質、維他命 A、維他命 C 外,還含有胡蘿蔔素和大量的纖維素,能增強胃腸蠕動,有很好的通便作用,能排除腸道中過多的脂肪及其他毒素。

- **燕麥**:燕麥含有極豐富的亞麻油酸,可防止動脈粥狀硬化。

- 此外,蘋果、葡萄、紅蘿蔔、冬瓜、牛奶等也都有不錯的降脂效果。

健康排毒，飲食巧搭配

- **苦瓜或苦菜搭配豬肝**：豬肝性溫味苦，能補肝、養血、明目。每 100 克豬肝的維他命 A 含量高達 2.6 毫克，非一般食品所能及。維他命 A 能阻止和抑制癌細胞的成長，並能將已向癌細胞分化的細胞恢複正常。而苦瓜也有一定的防癌作用，因為它含有一種活性蛋白質，能有效地促進體內免疫細胞去消滅癌細胞。兩者合理搭配，功力相輔，葷素適當，經常食用有利於防治癌症。

苦菜性寒味苦，具有清熱解毒、涼血的功效；豬肝則具有補肝明目、補氣養血的功能。苦菜與豬肝同食，可為人體提供豐富的營養成分，具有清熱解毒、補肝明目的功效。

金針花為百合科植物，為萱草、北黃花菜、小黃花菜等的花蕾乾製品，又名金針菜。金針花花色金黃，香味濃郁，食之清香、爽滑、嫩糯、甘甜，常與木耳並稱為「席上珍品」。不僅如此，金針花的營養價值也很高，能安五臟、補心志、明目，與滋補腎氣的豬肉配成菜餚，可防治神經衰弱、反應遲鈍、記憶力減退等病症，還有滋陰潤肺、止血消炎的功效，也可為人體提供豐富的營養成分。

番茄與小黃瓜、豆腐或雞蛋：番茄含有全面、豐富的維他命，每人每天只要吃 2 ～ 3 顆，就可滿足一天的維他命需要，故番茄具有「維他命壓縮餅乾」的美譽。番茄還含有蘋果酸、檸檬酸等有機酸成分，所以和具有生津止渴、解毒利尿的小黃瓜

同吃，功效倍增。

番茄不僅含豐富的維他命和有機酸，而且還有各種礦物質，其中以鈣、磷、鋅、鐵為多，還有錳、銅、碘等重要微量元素。番茄配以含更多豐富微量礦物質的豆腐，將滿足人體對各種微量元素的最大需要。另外，生津止渴、健胃消食的番茄與益氣和中、生津潤燥、清熱解毒的豆腐配食，溫補脾胃、生津止渴、益氣和中的功效還會增強。

番茄含有豐富的維他命 C、醣類、蘆丁等成分，具有抗壞血病、潤膚、保護血管、降壓、助消化、利尿等作用；雞蛋中含有豐富的蛋白質、脂肪、多種維他命等成分，具有滋陰潤燥、養血等功效。二者同食，能為人體提供豐富的營養成分，具有一定的健美和抗衰老的作用。

- **菠菜與雞血**：菠菜營養齊全，蛋白質、碳水化合物、維他命及鐵元素等含量豐富；雞血也含有多種營養成分，並可淨化血液，清除汙染物而保護肝臟。兩種食物同吃，既養肝又護肝，對患有慢性肝病者尤為適宜。

- **豬腰與木耳**：豬腰有補腎、利尿作用；木耳有益氣潤肺、養血養容的作用。對久病體弱、腎虛腰背痛有很好的輔助治療作用。

- **木耳與豆腐**：木耳有益氣、養胃、潤肺、涼血、止血、降脂減肥等作用，對高血壓、高血脂、糖尿病、心血管病有防治作用；豆腐有益氣、生津、潤燥等作用。

- **小黃瓜與木耳**：生小黃瓜有抑制體內醣轉化為脂肪的作用，有減肥的功效；木耳也具有滋補強壯、和血的作用，可以平

衡營養。

- **豆腐與海帶**：海帶含有人體所需的碘，可治療碘缺乏而引起的病症。它還有降壓、防止動脈硬化、通便、促進有害物質排泄、減肥等作用。豆腐富含人體需要的多種營養成分，有清熱解毒、補中生津作用。

- **荸薺與香菇或黑木耳**：荸薺性味甘寒，具有清熱、化痰、消積等功效；香菇能補氣益胃、滋補強身，具有降血壓、降血脂的功效。二者同食，具有調理脾胃、清熱生津的作用。常食能補氣強身、益胃助食。

  黑木耳能補中益氣、降壓、抗癌，配以清熱生津、化痰、消積的荸薺烹調，具有清熱化痰、滋陰生津的功效。

- **花椰菜與豬肉或玉米**：花椰菜又名花菜，質地細嫩，味道鮮美，食後易消化，被視為菜中珍品。花椰菜含有極為豐富的維他命 C，含量是番茄的 8 倍。

  從食物藥性來看，花椰菜性味辛甘，具有補腎填精、健腦壯骨的作用，配以滋陰潤燥、補中益氣的豬肉，具有強身壯體、滋陰潤燥的功效。

  花椰菜與補中健胃、除溼利尿的玉米搭配，具有健脾益胃、補虛、助消化的作用。因含豐富的維他命 C、維他命 E，還具有潤膚、延緩衰老的作用。

- **絲瓜與雞蛋或蝦米**：絲瓜性味甘平，可清暑涼血、解熱毒、潤膚美容。絲瓜營養豐富，主要含有蛋白質、澱粉、鈣、磷、鐵、胡蘿蔔素、維他命 C 等。雞蛋有潤肺利咽、清熱解毒、滋陰潤燥、養血通乳的功效。兩者搭配常食能使人肌膚潤

澤健美。

蝦米具有補腎壯陽、通乳、托毒外出的功效，與可止咳平喘、清熱解毒、涼血止血的絲瓜搭配，具有滋肺陰、補腎的功效，常吃對人體健康極為有利。

- **綠豆與南瓜**：南瓜有補中益氣的功效，並且富含維他命，是一種高纖維食品，能降低糖尿病病人的血糖。綠豆有清熱解毒、生津止渴的作用，與南瓜同煮有很好的排毒保健作用。

- **雞肉與紅豆**：紅豆含有蛋白質、脂肪、碳水化合物、胡蘿蔔素、維他命等，有補腎滋陰、補血、明目的功效，有活血、利尿、袪風解毒的作用，以及活血潤膚等特點。雞肉營養豐富，有溫中益氣、填精補腎等作用。

- **南瓜與紅棗、赤小豆或牛肉**：南瓜含各種礦物質和多種維他命，它和具有補中益氣功效、有「維他命丸」稱譽的紅棗搭配，有補中益氣的功效，適於預防和治療糖尿病。

  南瓜是公認的保健食品，其肉厚色黃，味甜而濃厚，含有豐富的碳水化合物、維他命 A 和維他命 C 等。由於它是低熱量的特效食品，常吃有潤膚、防止皮膚粗糙和減肥的作用。赤小豆也有利尿、消腫、減肥的作用。兩者搭配，有一定的健美、潤膚作用，對感冒、胃痛、喉嚨痛、百日咳及癌症有一定療效。從食物的藥性來看，南瓜性味甘溫，能補中益氣、消炎止痛、解毒殺蟲。牛肉性味甘平，具有補脾胃、益氣血、止消渴、強筋骨的功效。 南瓜與牛肉搭配食用，則更具有補脾益氣、解毒止痛的療效。

- **蓮藕與鱔魚或豬肉**：俗話說：「精虧吃黏，氣虧吃根。」黏、

根食品指的是鱔魚、泥鰍類和山藥、蓮藕等。

補精最好是鱔魚。鱔魚所含的黏液主要是由黏蛋白與多醣類組合而成，能促進蛋白質的吸收和合成，而且還能增強人體新陳代謝和生殖器官的功能。蓮藕所含的黏液主要也是由黏蛋白組成，還含有卵磷脂、維他命 C、維他命 B2 等，能降低膽固醇、防止動脈硬化。兩者搭配食用，具有滋養身體的顯著功效。

此外，蓮藕含有大量食物纖維，屬鹼性食物，而鱔魚屬酸性食物，兩者合吃，有助於維持人體酸鹼平衡，是強腎壯陽的食療良方。

從食物的藥性來看，藕性味甘寒，具有健脾、開胃、益血、生肌、止瀉的功效，配以滋陰潤燥、補中益氣的豬肉，可為人體提供豐富的營養成份，具有滋陰血、健脾胃的功效。

豆腐與魚或海帶：首先，豆腐中甲硫氨酸和離氨酸含量相對較少，苯丙氨酸含量較高，而魚體內甲硫氨酸和離氨酸含量則非常豐富，苯丙氨酸含量卻相對較少，兩者合起來吃，可取長補短，相輔相成，提高營養價值。

其次，豆腐含鈣較多，而魚富含維他命 D，兩者同食，借助魚體內維他命 D 的作用，可使人體對鈣的吸收率提高 20 多倍。人們平常喜歡的豆腐燉魚頭，不僅具有特別的風味，而且營養極其豐富，特別適合老年人、孕婦食用。

豆腐等豆類食品能阻止引起動脈硬化的氧化脂質產生，抑制脂肪吸收，促進脂肪分解，同時還會促進體內碘的排出，易引起甲狀腺功能降低，將豆腐與含碘豐富的海帶搭配，就可以避免

這種現象。

- **香菜與黃豆或豬大腸**：香菜含有豐富的維他命 C 和胡蘿蔔素，具有發汗、祛風解毒的功效；黃豆則含有豐富的植物蛋白質，具有健脾、寬中的功效。二者搭配煮湯，具有健脾寬中、祛風解毒的功效，常食可以增強免疫力、防病抗病、強身壯體。

  從食物的藥性來看，香菜性味溫辛，具有發汗、消食、下氣、通大小便的功效。豬大腸可潤腸治燥、調血解毒。香菜與豬大腸搭配，具有補虛、止腸血的功效，有利於人體健康。

- **洋蔥與豬肝、豬肉或雞蛋**：從食物的藥性來看，洋蔥性味甘平，具有解毒化痰、清熱利尿的功效，還含有蔬菜中極少見的前列腺素，能降低血壓。

  洋蔥配以補肝明目、補益血氣的豬肝，可為人體提供豐富的蛋白質、維他命 A 等多種營養物質，具有補虛損的功效。

  在日常膳食中，人們經常把洋蔥與豬肉一起烹調，這是因為洋蔥具有防止動脈硬化和使血栓溶解的效能，同時洋蔥含有的活性成分能和豬肉中的蛋白質相結合，產生令人愉悅的氣味，洋蔥和豬肉配食，是理想的酸鹼食物搭配，可為人體提供豐富的營養成分，具有滋陰潤燥的功效。

  洋蔥不僅甜潤嫩滑，而且含有維他命 B1、維他命 B2、維他命 C 和鈣、鐵、磷以及植物纖維等營養成分，特別是洋蔥還含有「蘆丁」成分，能維持微血管的正常機能，具有強化血管的作用。如洋蔥與雞蛋搭配，不僅可為人體提供豐富的營養成分，洋蔥中的有效活性成分還能降低雞蛋中膽固醇對人體心血管的負面作用。

- **蘿蔔與羊肉或牛肉**：蘿蔔含有豐富的維他命 C、芥子油、膽鹼、木質素、氧化酶等多種成分，能降低體內膽固醇，減少高血壓和冠心病的發生，具有防癌作用，且能消食順氣、化痰治喘、利尿和補虛。

  羊肉性味甘溫，能助元陽、補精血，是良好的滋補強壯食物。蘿蔔輔以羊肉，有較好的益智健腦作用，具有助陽、補精、消食、順氣的功效。

  蘿蔔性味辛、甘、涼，能健脾補虛、行氣消食，配以補脾胃、益氣血、強筋骨的牛肉，可為人體提供豐富的蛋白質、維他命 C 等營養成分，具有補五臟、益氣血的功效。健康的人食用後精力充沛。

第八章　　排毒減肥新概念

第九章
明星飲食瘦身大揭祕

張柏芝的瘦身祕訣

張柏芝花了半年時間，不花一毛錢，成功地由 57 公斤減至 48 公斤，不但讓自己胖胖的圓臉瘦了一圈，身材也變得更有型，看起來更性感。到底柏芝用的是什麼方法？有什麼瘦身祕訣？就讓她來告訴大家吧！

祕訣 1：戒肉食菜

「這半年以來，水煮青菜和湯水可以說是我的主糧，我已經完全戒吃肉。以前試過很多瘦身方法都不成功，是因為我貪吃忍不了，又不肯戒口。減肥要忍，如果做不到就永遠只能背著一身肥肉。」

祕訣 2：跑步、跳舞

「減肥一定要配合運動，所以我每天都會用跑步機跑步 1 小時。如果是在外地工作，就用遊泳取代。同時我還跟舞蹈老師學跳舞，每次都跳 1 個小時。」

祕訣 3：加大工作量

「人最怕閒著，一閒就容易嘴饞，還會懶惰不想運動。因此我用工作將空閒時間填滿，這樣就沒空去想該吃什麼零食，長

久下來，控制飲食的意志力也會增強。所以我在減肥期間除了拍電影，還有推出新唱片等，工作量之大，是我往日的兩倍。」

祕訣 4：要持之以恆

「減肥一定不輕鬆、一定會吃苦頭，如果你有所埋怨，身旁的家人就會心疼你，勸你不要再減，但你一定要堅定自己的信念，堅持自己的決定。你應該回答他們：「不行啊！我是那種容易瘦也容易胖回來的人，現在雖然太瘦，但上鏡頭剛剛好。」

劉嘉玲　地瓜巧減 14 公斤

香港女星為減肥各出奇招，劉嘉玲靠吃地瓜減肥，體重從 59 公斤減為 45 公斤，共減了 14 公斤！

地瓜易消化助減肥

大美人劉嘉玲公開了她的地瓜減肥法。吃地瓜減肥，一個月可吃四天，持續吃半年，體重便很容易下降！她說：「按照這個療法進行的話，人會很容易肚子餓，上廁所也會很順暢，如果想減掉體重，便要吃得清淡，並配合適量的運動！」

將什麼時間吃飯、什麼時間上廁所都做了精密的計算，是美女劉嘉玲的減肥祕方。劉嘉玲直言，每天凌晨 5 點 30 分之前

第九章　明星飲食瘦身大揭祕

應該上廁所，她指出，這個叫做「順勢健康療程」。她說：「人是跟著太陽生活的，正常來說應該是晚上十點半上床，睡到半夜三點左右時，前一天吃進肚子裡的東西便會全部消化掉，因此，凌晨五點三十分就應該上廁所！」她還透露，每天早上 5 點 30 分就開始吃一小碗飯、兩個小地瓜、兩種蔬菜，關鍵在於絕對不能吃任何肉類。

除此之外，劉嘉玲每天打壁球 15 分鐘，既可以出一身汗，也可保持肌肉結實。

劉嘉玲雖然不算年輕，但仍然是香港各類纖體產品最中意的形象代言人，關鍵在於她凹凸有致的身材，特別是她的一雙長腿，更令女性們羨慕不已。

地瓜減肥原理

地瓜為旋花科植物，又叫紅薯、甘薯、山芋等。據研究檢測，每百克地瓜所含熱量僅 127 大卡，粗纖維 0.5 克，脂肪 0.2 克，碳水化合物 29.5 克，另含無機鹽和維他命等物質。地瓜所含熱量僅為饅頭的一半，還可以代糧充饑。地瓜為偏鹼性食物，可抑制皮下脂肪的成長與堆積。此外，地瓜還有利於排便，有利於減肥。

地瓜既可生食，又能以蒸、煮、烤等方式食用。在烹製之前，將地瓜切塊用鹽水泡一二個小時再煮或烤，可減少飯後腸

胃泛酸及脹氣和排氣等不適感。

飲食減脂　7 名模特兒的瘦身私招

時裝模特兒如何飲食，怎樣保持婀娜多姿、具有魅力的身材？

史蒂芬妮・西摩

身高 176 公分，體重 55 公斤，三圍尺寸 85-56-85 公分。

這位來自美國聖地亞哥的女士非常嗜吃甜食。但為了當模特兒只好節食，每天只吃生紅蘿蔔及不加調味料的沙拉，白天多喝水，晚上偶爾喝點香檳（過度飲酒會導致皮膚粗糙）。

★ 點評：對模特兒來說，漂亮的身材是她們的本錢，所以節食、壓抑食慾實屬無奈，對普通人就沒有必要如此「殘酷」了。節食健身要講究科學根據，為了身體苗條而不顧一切地盲目節食是不可取的。

琳達・伊凡吉莉絲塔

身高 177 公分，體重 55 公斤，三圍尺寸 86-60-87 公分。

在她的節食時間表中，每星期可以自我「解放」一天。這天，她想吃什麼就吃什麼。她說：「因為只有這樣，我才能忍受

其餘幾天的嚴格節食。」當然，平時她還注意不在兩餐之間吃零食。每當饞蟲騷動時，她就默念教練的訓斥，然後掉頭離美食而去。「這很痛苦，但為了藝術，我只能作出犧牲。」

★ 點評：每星期給自己一天放鬆的機會，從而達到某種平衡。這不失為一種值得借鑒的方法，但要注意，不能以犧牲健康為代價。

克勞蒂亞・雪佛

身高 180 公分，體重 58 公斤，三圍尺寸 90-62-91 公分。

這位德國的名模有個簡單的節食方法 —— 什麼都吃，但每樣只吃一點點。她說，她只是試圖讓盤子裡的食物多樣化。她滴酒不沾，每天喝大量的水，但不喝咖啡。早餐吃熱帶水果，中餐和晚餐吃大量的魚。

★ 點評：水能滋養皮膚。有人一天至少喝 10 杯白開水，有人認為三餐後各喝 1 大杯為好。其實，量之多少無規定，只是不能口渴才喝，而且喝法應少量多次。

辛蒂・克勞馥

身高 177 公分，體重 56 公斤，三圍尺寸 86-58-84 公分。

辛蒂說：「我既不喝酒，也不抽菸，更將巧克力拒之門外。」日常飲食不外乎水果、蔬菜和魚這幾樣，並堅持少量多餐，避

免吃高脂肪的食物。她堅持早餐一定要吃，且認為節食健美並不是一件苦差事，因為這已構成了她生活的一部分。

★　點評：節食健美並不在於吃多吃少，而是在於食物所含的營養成分和熱量，以便數值化地調節飲食。

艾勒・麥克法森

身高 183 公分，體重 58 公斤，三圍尺寸 90-59-90 公分。

這位澳洲名模認為鍛鍊比節食更重要，因為鍛鍊能消耗大量熱量。她在飲食上較少顧忌，但並不放縱食慾，「我有時喝啤酒、吃巧克力，不過總能適可而止」。她的早餐是白開水加新鮮水果，午餐吃魚，晚餐吃點奶酪。

★　點評：單純靠節食減肥只能一時奏效。合理的減肥方法是根據科學控制飲食並與鍛鍊相結合。

保麗娜・波域斯高娃

身高 179 公分，體重 59 公斤，三圍尺寸 80-58-90 公分。

保麗娜說：「我絕不讓自己的一生糾纏於整日計較熱量多寡上，我什麼都吃，不管熱量和膽固醇是高是低。不過我的飲食很有規律性，除了吃飯，什麼零食都不吃。」

★　點評：保麗娜的觀點很符合東方生活習慣，一切順其自然。人體是一個自我調節、自我平衡的系統，人為的過度限制，往往

適得其反。

妮姬・泰勒

身高 181 公分，體重 56 公斤，三圍尺寸 90-60-90 公分。

妮姬對於節食減肥總是不斷地試驗，以期找出適合自己的方法。目前她只是盡量多吃水果和蔬菜，如：早餐吃牛奶泡麥片和烤麵包片、水果及多種維他命。星期天回家時，她才享受一頓美國菜餚，到了第二天，就只吃香蕉和火雞肉沙拉。

★ 點評：節食健美要從自身條件出發，因為每個人的情況不一樣，沒有必要遵循一致的法則。

性感瑪丹娜的瘦身食譜

瑪丹娜身高 163 公分，體重 51 公斤，不抽菸，也不喝酒，每天堅持運動。

瘦身祕訣

瑪丹娜熱衷於她的長壽進食方式，這是一種以蔬菜、穀物為主的進食方式。與其說它是一種飲食方法，不如說是一種生活哲學。其重點是：保持內在平衡。

該療法建議實施者只進食營養價值高（不含化學）的天然食

品。除魚類之外，只吃嚴格規定的素食，如：糧食、蔬菜、水果和海藻。膳食要在瓦斯爐或烤架上烹調，每一口均要細嚼 50 次以上。

瑪丹娜的飲食比例是 40：30：30，即碳水化合物 40%，蛋白質 30%，脂肪 30%，跟醫學界推崇的健康飲食標準 55：15：30 有一段距離。有醫生說瑪丹娜的食譜與不少節食者相同，鈣含量太少。

瑪丹娜的菜單上沒有奶或奶製品，而她的早餐蛋白質含量過高，纖維太少，且食量不足。

如果要有效減肥，應注意：

1　確保每餐都有碳水化合物
2　減肥的關鍵，是讓身體處於運動的狀態。
3　不要過分苛待自己。可以吃蛋糕，只要少吃就行。假如對自己太苛刻，把愛吃的東西或甜品都視為禁忌，反而會影響心理健康。
4　每週能減半公斤的體重已經相當成功。
5　與其節食，不如改變進食結構，多吃健康食物，如：水果、蔬菜、全麥麵包等。

瘦身宣言

瑪丹娜從不暫停健身計劃。不管她的行程安排得有多滿，慢跑 1 小時必定會列入日程表中。瑪丹娜特別自豪於她肌肉

發達的手臂，美國女性健美雜誌曾將之推選為全國女性中，最富有繃緊力的手臂。後來，瑪丹娜又發現瑜伽對她有莫大的好處 ── 能促進身心平衡，使思維敏捷、身體靈活，增加免疫力，精力充沛。

瑪丹娜的典型食譜

- **早餐**：燕麥糊、麥片粥
- **午餐**：芥菜湯
- **晚餐**：扁豆、褐米和嫩煎魚
- **禁忌食品**：咖啡、糖、肉、奶製品、茄子和辛辣調味品

朱茵的減脂飲食法

香港影視歌三棲明星 ── 朱茵，一開始以「玉女」姿態示人，而後則被塑造成「性感女神」，皆因她擁有天生的好身材以及後天的包裝。到底朱茵是如何發揮自己的優點，越來越美麗動人呢？

朱茵從來不節食，她的健美之道是 ── 飲食均衡。吃得有營養，自然氣色好，皮膚也有光澤，再加上一個重要因素：洗香薰浴及跳健康舞，三管齊下，便達到完美效果。

朱茵說，保持身材也必須注意身體健康，如果節食、運動

過度而弄壞身體那就得不償失了。她還說：「我覺得要是為了減肥而禁食某一種食物，不是好辦法。因為每一種食物都有其營養素，如果你不吃，有可能會缺少某種必須維他命。所以我們應該每種有益的食物都吃，但不要吃得過量，這樣既可滿足食慾也不會增肥。不過記得切勿多吃零食。」

朱茵很認真地說：「我這個人很喜歡洗泡泡浴，且一定要加點香薰到水中，因為香薰有助消耗體內多餘的水分。有些人肥胖，其實是因為身體水分過多，有腫脹感，不一定是脂肪過多，這種人只要洗香薰浴就可以達到所謂的『減肥』效果，我習慣用葡萄柚和薰衣草兩類香薰。」

除了洗香薰泡泡浴之外，朱茵的另一招健美方法是跳健康舞。她說：「跳健康舞是一種很有效的減肥方法，而且很方便，只要跟著錄影帶跳就行，我每天平均都會跳上 15 分鐘，跳完之後全身就會出汗。你如果要想減肥健美，不妨也試試。」

金喜善的蜂蜜減肥法

很難想像韓國第一美女金喜善在進入演藝界前，是一個毫不起眼的「小胖妹」。其實她的食量並不大，但喜歡吃甜食的她，總是戒不了甜品的誘惑，是朋友介紹的「蜂蜜減肥法」，讓她保持迷人的好身材。

雖然蜂蜜的糖分確實不少，但是它含有豐富的維他命，對於身材變胖、身體不好的人，最適合用蜂蜜來代替正餐。她介紹說，這個方法其實很簡單，只要用 30 克的蜂蜜加入 1 公升的水混合，或加兩大湯匙的蘋果醋來調味，連續喝個兩三天，就會有令人意想不到的效果，平均大概會瘦 3 至 4 公斤。

李英愛的葡萄減肥法

身材修長的韓國氣質美女李英愛，在一段時間沒有出來活動後，體重增加了不少，於是選用了以前常用的「葡萄減肥法」，據說效果相當不錯，讓她對復出演藝界更加有自信。

每當李英愛感覺自己體重增加時，就會趕快用「葡萄減肥法」來瘦身，這個方法其實很簡單，大約只需要一週的時間。

在這七天中，每天只吃葡萄及喝水，要補充體力的話，就選用沖泡式的葡萄糖。當然，每天攝取充足的水分也是相當重要的，一個禮拜後不僅會發現自己變瘦了，皮膚也變得更好了呢！

李英愛向你傳授葡萄減肥小常識

葡萄含有豐富的鐵質，是很好的補血水果，尤其它酸酸甜甜的滋味，很受女生們的歡迎。

葡萄的水分充沛，有利尿的功用，加上味道好，是用來做果汁的好材料。

在採購時，要如何挑選新鮮的葡萄呢？首先，要觀察將果子串連起來的枝條，如果是青翠的綠色，代表很新鮮。另外，還要選擇果粒結實飽滿、摸起來有彈性的，如果一串葡萄具備以上兩點，代表這串葡萄很不錯。

葡萄皮上通常會有白色的粉狀物，它有可能是果粉，也可能是殘留的農藥。由於分辨起來並不容易，所以在清洗時要特別留意，必須充分浸泡。幸好現在果農在種葡萄時都會套上紙袋，對於怕農藥的人來說，也算是多了一層保障。

超級明星　窈窕身材有祕方

從大銀幕到伸展臺，超級明星們嬌豔柔媚的臉龐和婀娜多姿的身姿令多少愛美的女性豔羨不已。其實明星亦非神仙，除去天生麗質之外，能數十年如一日的保持曼妙身姿，歸功於各自擁有一套纖體祕方。

祕方一：不吃不如會吃

- **布蘭妮：**這位 20 歲就成為歌后的小美女像眾多女孩一樣愛吃。布蘭妮每天進食 5 次，而且是想吃什麼就吃什麼，但她總會遵

循自己的座右銘：「我想吃的時候就盡情吃，但從不過量。至於菜餚方面，應含有豐富蛋白質，且必須有益健康。」因此，布蘭妮的餐桌上最常見的食物是沙拉、童子雞、湯和水果。當然，布蘭妮每天還會堅持做由排練、健身組成的 45 分鐘強化訓練，包括練習踢踏舞 100 次，並做 25 個伏地挺身。

· 克勞蒂亞·雪佛：德國超級名模保持玲瓏曲線的方法是：晚餐少而淡，吃沙拉和水煮蔬菜最好；中午以後只有水果可以入口；點心時間只能吃番茄汁、黑葡萄、薄荷茶等清淡食品。每天飲水不少於 2,000cc，可幫助排除體內毒素。

祕方二：突擊減肥特效飲食篇

· **梁詠琪**：梁媽媽特製，兼顧美容與修形的愛心配方 —— 2 顆梨子、酸梅，若怕胖就不放冰糖，用慢火燉煲成甜湯。梁詠琪還有一個瘦身絕招 —— 堅持金字塔結構，從塔基到塔頂的食物用量遞減。也就是吃得最多的食物是「金字塔」的基石：麵包、穀類等。往上一層是蔬菜和水果。再往上是乳製品，像牛奶、奶酪、優酪乳，還有肉、魚等。而食用最少的則是位於塔尖的脂肪、油和甜點等。

· **鄭秀文**：鄭秀文的「三日軍人餐」讓自己成功減重 5.5 公斤。每天的早餐、午餐都必須先喝黑咖啡、清茶或水，凡是有油、有皮的食物一概不吃，例如：雞湯煮好後，要先放在一旁冷卻，之後將浮在湯上的油去除，再加熱喝，如此才不會攝取過多的熱量。但她認「軍人餐」的熱量太少，很容易餓，突擊

減肥偶爾為之可以，天天堅持會傷害健康。

· **吳君如：**曾經跟著周星馳在電影裡搞笑的「肥婆」吳君如，在 1992 年下定決心減肥，短短 3 個月就瘦了約 15 公斤，終於讓人們看到她成功瘦身後，那溫柔可人的一面。吳君如採用的是「fit for life 餐」減肥法，具體方法是：

1　早、中、晚三餐都要吃，分量及烹調方法不限，但每餐之間的間隔必須在 4 小時以上，這中間不能吃任何食物。

2　早餐最好吃水果。

3　吃主食時和肉食時都可以搭配蔬菜，唯獨飯與肉不能同時食用。

香港影藝圈的絕密瘦身食譜

這是一個在香港影藝圈流傳已久的菜單，效果迅速，據說不少大明星都是靠它保持水嫩的肌膚及窈窕的身材。所有用餐的調味料只可用鹽和胡椒粉；所有需烹調的食物一律用水煮，不能煎炸；每日需喝 8 大杯水；第一次三天節食最多可減 4 公斤；三天後可照常飲食，只是絕對不可以暴飲暴食；隔四天後想再減肥時，可再來一次三天節食，但切記一定要至少相隔四天。曾有人這樣吃，一個月後減掉 10 公斤。

第九章　明星飲食瘦身大揭祕

第一天

- 　**早餐**：1片全麥吐司＋1匙花生醬＋半顆葡萄柚
- 　**午餐**：1片全麥吐司＋1小罐鮪魚罐頭
- 　**晚餐**：2片肉片（70克）＋1碗四季豆＋1碗竹筍＋1顆小蘋果
  每餐都喝清茶或配溫開水。

第二天

- 　**早餐**：1片全麥吐司＋1顆水煮蛋＋半根香蕉
- 　**午餐**：2片蘇打餅乾＋1杯優酪乳
- 　**晚餐**：2根熱狗＋1碗青花椰菜＋半碗竹筍＋半根香蕉
  每餐都喝清茶或配溫開水。

第三天

- 　**早餐**：1片蘇打餅乾＋1片低卡吐司＋1顆小蘋果
- 　**午餐**：1片全麥吐司＋1顆水煮蛋
- 　**晚餐**：1小罐鹽水鮪魚罐頭＋1碗花椰菜＋半碗小黃瓜＋1碗竹筍＋半根香蕉
  每餐都喝清茶或配溫開水。

盛傳模特圈的 7 日瘦身餐

　　這是盛傳於模特圈的瘦身祕籍，包括一星期 7 天的菜單。嚴格說這是一個還算豐盛的食譜，雖然瘦身的效果未必最顯著，不過比較容易長久執行。據說連續吃一整個月，至少可以減 3 到 4 公斤。兩餐之間如果感到飢餓的話可以吃幾片蘇打餅乾或水果，例如：柳丁、奇異果、番茄或是喝牛奶，但千萬不能跑去偷吃零食！

星期一

- **早餐**：全麥吐司 1 片＋水煮蛋 1 顆＋茶或黑咖啡 1 杯
- **午餐**：糙米飯半碗＋炒豆苗（豆苗加橄欖油 1 茶匙）＋紅燒牛腩（牛腩 50 克、白蘿蔔 60 克、紅蘿蔔 30 克）＋絲瓜湯＋梨子 1 顆
- **晚餐**：糙米飯半碗＋炒四季豆（四季豆 70 克加橄欖油 1 茶匙）＋清蒸魚半條（加少許薑）＋白蘿蔔湯（白蘿蔔 50 克）＋大番茄 1 顆

星期二

- **早餐**：三明治 1 份（2 片吐司夾火腿、番茄半顆）
- **午餐**：餛飩麵 1 碗（餛飩 4 顆、麵半碗、1 小把小白菜）＋涼

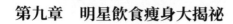

拌海帶絲＋蘋果 1 顆

- **晚餐**：胚芽飯半碗＋涼拌西洋芹＋味噌湯（豆腐 2 塊）＋楊桃 1 顆

星期三

- **早餐**：全麥吐司 2 片＋水煮蛋 1 顆＋綠茶 1 杯＋大番茄 1 顆
- **午餐**：胚芽飯半碗＋炒草菇＋冬瓜湯 1 碗＋柳丁 1 顆
- **晚餐**：糙米飯半碗＋水煮青菜＋洋蔥炒蛋＋金針湯（金針 30 克）＋奇異果 1 顆

星期四

- **早餐**：白粥 1 碗＋荷包蛋 1 份＋水煮青菜 1 碟
- **午餐**：鮪魚三明治（鹽水鮪魚 30 克、番茄半顆、小黃瓜）＋沙拉 1 盤（最好以芹菜、生菜為主）＋蘋果 1 顆
- **晚餐**：糙米飯半碗＋水煮菜心＋清蒸魚半條＋冬瓜湯半碗＋梨子 1 顆

星期五

- **早餐**：全麥吐司 2 片＋水煮蛋 2 顆
- **午餐**：胚芽飯半碗＋豆芽雞絲 1 碟＋炒小黃瓜＋白蘿蔔湯＋柳丁 1 顆

- **晚餐：**糙米飯半碗＋炒豆苗（豆苗 50 克、橄欖油 1 匙）＋涼拌竹筍＋絲瓜湯＋小番茄 10 顆

星期六

- **早餐：**玉米 1 根＋小餐包 2 個
- **午餐：**糙米飯半碗＋清蒸魚半條＋涼拌西洋芹＋菠菜湯＋楊桃 1 顆
- **晚餐：**糙米飯半碗＋炒芥蘭（芥蘭 50 克和橄欖油 1 匙）＋滷豆干 4 片＋清燉香菇排骨湯＋蘋果 1 顆

星期日

- **早餐：**全麥吐司 2 片＋蒸蛋 1 份
- **午餐：**茄汁牛肉麵（熟麵條 100 克、牛肉 100 克、小白菜 100 克）＋涼拌小黃瓜＋木瓜半顆
- **晚餐：**糙米飯半碗＋番茄炒蛋（番茄、蛋 1 顆）＋水煮菠菜＋苦瓜湯（苦瓜半條）＋奇異果 2 顆

電子書購買

國家圖書館出版品預行編目資料

去去, 贅肉走！瘦瘦, 速速前！釐清錯誤觀念、
掌握烹飪祕訣、制定合理菜單, 一日三餐加零
食也能輕鬆瘦身 / 方儀薇, 羽茜編著. -- 第一版.
-- 臺北市：崧燁文化事業有限公司, 2022.04
　　面；　公分
POD 版
ISBN 978-626-332-178-6(平裝)
1.CST: 食譜 2.CST: 減重
427.1　　　111002927

去去，贅肉走！瘦瘦，速速前！釐清錯誤觀念、掌握烹飪祕訣、制定合理菜單，一日三餐加零食也能輕鬆瘦身

臉書

編　　著：方儀薇，羽茜
發 行 人：黃振庭
出 版 者：崧燁文化事業有限公司
發 行 者：崧燁文化事業有限公司
E - m a i l：sonbookservice@gmail.com
粉 絲 頁：https：//www.facebook.com/sonbookss/
網　　址：https：//sonbook.net/
地　　址：台北市中正區重慶南路一段六十一號八樓 815 室
Rm. 815, 8F., No.61, Sec. 1, Chongqing S. Rd., Zhongzheng Dist., Taipei City 100, Taiwan
電　　話：(02) 2370-3310　　傳　　真：(02) 2388-1990
印　　刷：京峯彩色印刷有限公司（京峰數位）
律師顧問：廣華律師事務所 張珮琦律師

定　　價：375 元
發行日期：2022 年 04 月第一版
◎本書以 POD 印製